完全图解
云计算

【日】西村泰洋【著】

陈欢【译】

中国水利水电出版社

www.waterpub.com.cn

·北京·

内 容 提 要

云计算作为信息通信技术的基础，已经成为不可或缺的存在，人工智能、物联网、大数据及其他各类应用场景，也都需要云计算提供的基础设施的支持才能正常运行，可以说云计算是目前最炙手可热且广泛应用的互联网技术之一。《完全图解云计算》就以图解的形式，对云服务的构建技术、移动技术和安全性三个方面进行了详细解说。通过本书学习，读者可以掌握云是什么，云的作用，云计算的工作原理和云服务如何部署等，从思维方式到技术、运用方法等面面俱到。特别适合作为大中专院校信息通信专业的教学参考书，也适合对云计算感兴趣，想从事相关工作的 IT 技术人员学习。另外，本书还特别适合从事相关工作的商务人士、相关公司的管理和开发人员了解云计算和云服务知识。

图书在版编目（CIP）数据

完全图解云计算 /（日）西村泰洋著；陈欢译 . -- 北京 : 中国水利水电出版社 , 2022.9
（2023.12重印）
ISBN 978-7-5226-0446-6

Ⅰ . ①完… Ⅱ . ①西… ②陈… Ⅲ . ①云计算－图解 Ⅳ . ① TP393.027-64

中国版本图书馆 CIP 数据核字 (2022) 第 019773 号

北京市版权局著作权合同登记号　图字:01-2021-6556

图解まるわかり クラウドのしくみ
(Zukai Maruwakari Cloud no Shikumi: 6654-4)
© 2020 Yasuhiro Nishimura
Original Japanese edition published by SHOEISHA Co.,Ltd.
Simplified Chinese Character translation rights arranged with SHOEISHA Co.,Ltd. through JAPAN UNI AGENCY, INC.
Simplified Chinese Character translation copyright © 2022 by Beijing Zhiboshangshu Culture Media Co.,Ltd.
版权所有，侵权必究。

书　名	完全图解云计算 WANQUAN TUJIE YUNJISUAN
作　者	[日] 西村泰洋 著
译　者	陈欢 译
出版发行	中国水利水电出版社 （北京市海淀区玉渊潭南路1号D座 100038） 网址：www.waterpub.com.cn E-mail：zhiboshangshu@163.com 电话：（010）62572966-2205/2266/2201（营销中心）
经　售	北京科水图书销售有限公司 电话：（010）68545874、63202643 全国各地新华书店和相关出版物销售网点
排　版	北京智博尚书文化传媒有限公司
印　刷	北京富博印刷有限公司
规　格	148mm×210mm　32开本　7.125印张　300千字
版　次	2022年9月第1版　2023年12月第2次印刷
印　数	4001 — 6000册
定　价	69.80元

凡购买我社图书，如有缺页、倒页、脱页的，本社营销中心负责调换
版权所有·侵权必究

前 言

在当今社会，云服务作为信息通信技术的基础系统已然成为不可或缺的存在。

另外，由于用户通过互联网使用云服务，人们很少看到服务器和网络设备等硬件，它们就像云一样，仿佛是一种虚无缥缈的存在。

本书是针对有以下需求的读者而专门撰写的书籍。

- 想掌握云服务基础知识的读者
- 想了解云服务技术的读者
- 想了解企业和组织中使用的系统与云服务提供商系统的区别的读者
- 想了解云服务的基本术语、技术和服务的发展动态的读者
- 想导入云服务的读者

本书除了让读者对云计算有一个物理印象外，还介绍了云服务提供商的系统与企业和组织的系统的不同之处、与技术和服务同步发展的标准化与开放化的实现、以云服务为代表的现在和将来的信息通信技术等相关知识。

通过阅读本书，在理解了云服务和云计算技术的概要之后，建议读者继续浏览自己感兴趣的云服务提供商的网站和用户手册，以及面向创作者的网站，为实际运用云计算服务做好准备。

根据企业和组织的目的，云服务有多种使用形式，如公有云和私有云。笔者衷心地希望通过本书能够让越来越多的人对云服务的世界产生兴趣，同时也祝愿大家能够将所学知识灵活地运用到实际工作和业务中。

资源赠送及联系方式

本书将逻辑架构图和VPC专用的逻辑架构图赠送给读者，请通过下列方式获取并学习。

（1）扫描下面左侧的二维码，关注公众号后输入cloud，并发送到公众号后台，获取资源的下载链接。

（2）将该链接复制到浏览器的地址栏中，按Enter键，即可根据提示下载（只能通过计算机下载，手机不能下载）。

（3）读者也可扫描下面右侧的二维码，加入读者交流圈，可以及时获取与本书相关的信息。

致谢

本书是作者、译者、所有编辑及校对等人员共同努力的结果，在出版过程中，尽管我们力求完美，但因时间及水平有限，难免也有疏漏或不足之处，请各位读者多多包涵。如果您对本书有任何意见或建议，也可以通过2096558364@QQ.com与我直接联系。

在此，祝您学习愉快！

编　者

※ 本书及赠送资源的相关权利归作者及翔泳社所有，未经许可不得擅自分发，不可转载到其他网站。

※ 本书赠送资源可能在无提前通知的情况下停止提供，感谢您的理解。

※ 本书中涉及的数值数据为日本国内的数据，仅供读者学习时参考，切不可直接使用。

目录

第 **2** 章 构建系统优先考虑云服务的时代——
云是系统的基础 35

第 **3** 章　云计算改变了什么——
从业务模式到成本

63

第 **5** 章 驱动云服务的技术——
云服务是这样运行的 137

第 **8** 章 开始导入云服务——
准备工作
195

云计算的基础知识——

特点、种类、系统架构

» 什么是云

云的定义

云是指**通过互联网**使用信息系统及与之相关的服务器和网络等**IT资产的一种形式（编辑注，云计算或云服务有时也被简称为云）**。

与云相关的人物如图1-1所示，包括云服务提供商和使用这些服务的企业、团体和个人。

云服务中的云（cloud）与现实中的云毫无关系，只是因为习惯上人们经常使用云形状的图标来简单表示互联网，因此将这类互联网上的服务称为云服务。

云改变着企业IT和人们的生活

以前，在企业和组织中都是采用内部部署的方式构建信息系统，将服务器和网络设备设置在总公司或信息系统中心这类可以自行管理的场所中（图1-1）。

要放置设备就需要准备相应的空间，而且为了确保设备能够正常操作和运行，需要对其进行系统运用管理。不仅如此，还需要将它们作为资产进行管理，因此设备越多，管理工作的难度就越大。

如果使用云服务，企业、团体甚至个人用户只需要支付相应的使用费，就可以使用位于网络另一端的由云服务提供商提供的这些IT资产。由于设置场所和管理主体的改变，用户可以专心于系统的使用，所需的管理工作也变得相当轻松。

我们日常生活中发生的变化就像图1-2展示的那样，以前需要将DVD插入计算机中观看视频，而现在通过网上点播就能直接观看。另外，现在甚至可以直接通过智能手机查看行车记录仪拍摄的录像。这一切的变化都离不开云服务做出的贡献。

云服务在为企业和组织的IT资产及其运用方式带来巨大改变的同时，也在不断地深入我们日常生活的方方面面。另外，云服务的出现也顺应了现在租用、共享各种物品的时代潮流。

图 1-1 与云相关的人物

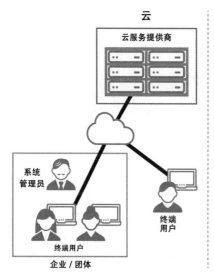
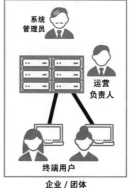

云

云服务提供商

系统
管理员

终端
用户

终端用户

企业 / 团体

内部部署

系统
管理员

运营
负责人

维护负责人
（通常是制造商）

终端用户

企业 / 团体

● 虽然这里没有出现，但在构建系统时通常
  还需要设计人员和开发人员
● 内部部署时涉及的人物显然更多

图 1-2 云服务创造的新系统

观看视频

查看行车记录仪中的
录像

将 DVD 插入计算机中
观看视频

通过点播
观看视频

在智能手机和计算机中查
看行车记录仪拍摄的录像

知识点

✎ 云服务是在互联网上使用信息系统和 IT 资产的一种形式。

✎ 云服务与企业和组织的 IT 资产的使用方式及人们的日常生活息息相关。

» 云服务的特点

与使用相关的特点

云服务是由云服务提供商提供的服务，而具有划时代意义的是与其使用相关的特点（图1-3）。

- 按量收费
  根据系统的使用时长或使用量计算费用。
- 使用量的扩大和缩小很简单
  可以根据用户期望扩大或缩小使用量，也可以根据实际使用情况简单地进行调整。如果是公司自有的系统，则在购买新的服务器和软件的同时，还需要花费相应的时间和人力进行设置。

与IT设备和系统环境相关的特点

与IT设备和系统相关的特点如下（图1-4）。

- **IT设备和相关设施为服务提供商所有**
  服务器和网络设备等使用的硬件是由服务提供商提供的。应用程序既可以由服务提供商提供，也可以将用户自己的应用软件安装到服务提供商的IT设备中。
- **机器和设备由服务提供商运营和维护**
  设备作为公司的资产为公司所有，因此其运营和维护也由公司负责。越来越多的公司正是为了减轻这类管理负担，才转而选择使用云服务。
- **具备安全性及对多样化的通信方式的支持**
  云服务提供了基本的安全措施和针对移动终端的连接环境。如果是在公司自有的系统中创建连接移动终端的系统环境，就需要增加专用的系统和服务器，但是使用云服务器可以免去这一烦琐的过程，直接使用。

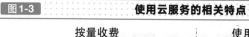

图 1-3　使用云服务的相关特点

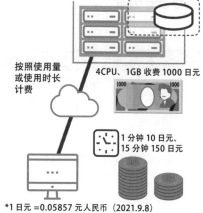

按量收费

按照使用量
或使用时长
计费

4CPU、1GB 收费 1000 日元

1 分钟 10 日元、
15 分钟 150 日元

*1 日元 =0.05857 元人民币　（2021.9.8）

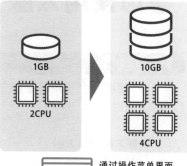

使用量的扩大和缩小很简单

1GB

2CPU

10GB

4CPU

通过操作菜单界面
可以很容易扩大或
缩小使用的资源

图 1-4　云服务提供商的设备及其特点

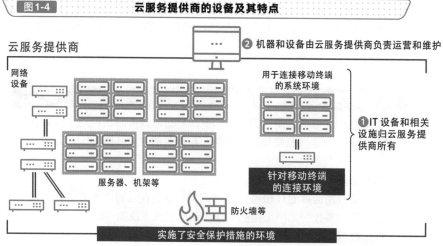

云服务提供商

❷ 机器和设备由云服务提供商负责运营和维护

网络
设备

用于连接移动终端
的系统环境

❶ IT 设备和相关
设施归云服务提
供商所有

服务器、机架等

针对移动终端
的连接环境

防火墙等

实施了安全保护措施的环境

❸ 具备安全性及对多样化的通信方式的支持

知识点

✐ 使用云服务的特点包括按量收费和易于调整使用量。

✐ IT 设备为云服务提供商所有，因此用户无须进行运营和维护。

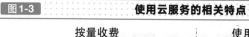
第 1 章　云计算的基础知识

≫ 考虑使用云服务的契机

两个契机

企业和组织考虑使用云服务的契机，大致可以分为讨论新系统的导入时和系统升级时（图1-5）。

- **讨论新系统的导入时**

  在开展新的生意、服务或业务时，考虑需要构建的专用系统时会将云服务作为候补选项。由于此时还没有正式开始实施，因此可以将云服务和其他候补选项放在一起平等地进行讨论。

- **系统升级时**

  当以前使用的系统硬件已经老化，或者需要对应用程序进行功能的添加和变更时，就需要考虑升级系统。以前在升级系统时都是优先考虑适配现有的运行环境，但是随着云服务的普及，这一情况正在发生改变。

与云服务并列的候补选项

虽然目前在考虑新系统的导入和系统升级时云服务已经逐渐成为强有力的候补选项，但是其他候补选项也具有其各自的优势（图1-6）。

- **内部部署**

  将公司自有的IT设备和其他IT资产设置在公司内部并进行运用。这是以前大多数公司所采用的构建和运用信息系统的形态。

- **使用数据中心**

  虽然IT资产是公司自有的，但公司将自有的设备放置在数据中心提供商的建筑物里。运营维护可以交由数据中心提供商负责，也可以交由公司自己负责。

这两种优势最基本的区别在于，IT资产所有权的归属和IT资产的设置场所。

图1-5　讨论新系统的导入与系统升级

讨论新系统的导入时

新的系统

对行车记录仪的数据进行
分析和浏览的新系统中，
存在各种各样的选项

系统企划会议

系统升级时

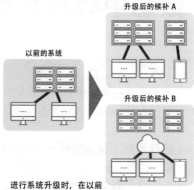

升级后的候补 A

以前的系统

升级后的候补 B

进行系统升级时，在以前
系统的基础上对升级后的系统进行
讨论的做法比较常见，云服务也经
常作为候补选项被提出来

图1-6　云服务、内部部署、使用数据中心的区别

云服务

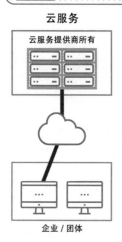

云服务提供商所有

企业 / 团体

内部部署

在公司内部场所中设置
IT 设备和设施并运用

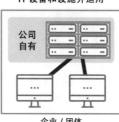

公司
自有

企业 / 团体

使用数据中心

数据中心提供商

公司
自有

● 将公司自有的 IT 设备设置在
数据中心提供商的建筑物里
● 网络使用 VPN 或专用线路

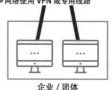

企业 / 团体

知识点

✎ 考虑引入云服务的契机包括讨论新系统的导入时和系统升级时。

✎ 候补选项除了云服务之外，还包括内部部署和使用数据中心。

》 数据中心与云服务

实现云服务的流程

　　数据中心在云服务普及之前是作为服务提供的，而现在的云服务是在下列三种类型的提供商的发展过程中逐步演化而来的（图1-7）。

- **将IT资产、运营经验及自己公司系统的大规模扩展的经验作为服务提供**，如亚马逊、微软、谷歌这三大云服务提供商。
- **在数据中心业务和设备平台中添加云服务**，大多是以前就存在的IT供应商。
- **将业务应用软件作为云服务提供给大量用户使用**，如销售各种业务应用软件的企业等。

　　下面将在上述三种不同的服务提供商的基础上，对数据中心与云服务的关系进行梳理。

数据中心与云服务的关系

　　如果对IT资产的所有权归属进行详细分类，则可以分为**主机租用、机房租用和主机托管**这三个层次。

　　如果你理解了图1-8中的内容，你就可以理解主机租用和机房租用等服务的状况了，这些服务在互联网服务提供商（Internet Service Provider, ISP）的产品介绍中频繁使用。

　　用于提供云服务的基础设备、IT设备及这些设备的运用都归提供商所有并负责运营。

　　应用软件既存在归提供商所有的情况，也存在归用户所有的情况。

图1-7 三种服务提供商的演化流程

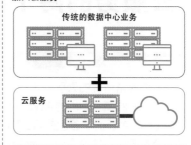

❷ 在数据中心业务和设备平台中加入云服务

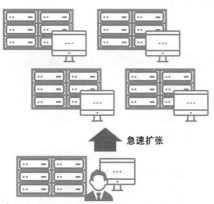

急速扩张

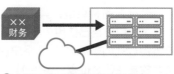

❶ 自己公司系统的大规模扩展的经验（原本规模就很大，然后又经历了急速扩张过程的管理经验）

❸ 通过云服务提供经过市场验证的成熟的业务应用软件

图1-8 主机租用、机房租用和主机托管的区别

IT资产的所有权归属	数据中心的建筑物	数据中心的设备（电源、空调、机架、安全设备等）	ICT运营（系统监视、介质的更换等）	ICT资源/设备（服务器、网络设备等）
主机租用服务	提供商所有	提供商所有	提供商负责	提供商所有
机房租用服务	提供商所有	提供商所有	提供商负责	用户所有
主机托管服务	提供商所有	提供商所有	用户负责	用户所有

云服务与主机租用服务一样，建筑物、设备、运营及网络设施全部归服务提供商所有或负责。

知识点

∥ 在理解了三种类型的传统服务提供商的运行流程的基础上，再去看云服务就会更加容易理解。

∥ 需要掌握主机租用、机房租用和主机托管的不同之处。

» 云服务的两个潮流

云服务≈公开

我们通常所说的云服务大多是指**公有云**。这是因为，作为云服务的象征性而存在的亚马逊的AWS（Amazon Web Services）、微软的Azure（Microsoft Azure）、谷歌的GCP（Google Cloud Platform）等云服务，都是作为公有云为海量的企业、团体和个人提供服务。

公有云的特点是，具有高性价比的同时，还可以抢先使用最前沿的技术。至于用户自己使用的服务器，则是系统根据整体架构自动从中分配最佳位置的CPU/内存/磁盘给用户使用，因此用户并不知道**自己购买的服务器究竟放置在什么位置**（图1-9）。

私有云的特点

与公有云相对的，公司为自己创建的云服务，或者在数据中心内构建的公司自己内部使用的云空间被称为**私有云**。使用这种方式创建的云服务**可以确认自己连接的服务器的位置**（图1-10）。

实际上，将数据中心、公有云服务、私有云服务根据具体的用途进行区分使用的企业也在不断增加。普遍的看法是，今后私有云的使用会变得越来越多，因此这里加强这方面的理解。

转移到私有云的需求的出现，可能是因为公司已经掌握了系统的使用方法、明确了自己真正需要的系统规模，也可能是因为系统的重要性提高了，或者希望增加特别的安全防范措施，以及其他各种各样的理由。因此，越来越多的企业选择将公有云上的系统转移到私有云上使用。简而言之，对于重要的资产，大家都希望能放在自己身边保管。

图1-9   无法确认购买的公有云中的服务器位置

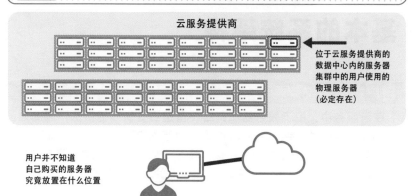

位于云服务提供商的
数据中心内的服务器
集群中的用户使用的
物理服务器
(必定存在)

用户并不知道
自己购买的服务器
究竟放置在什么位置

图1-10   私有云

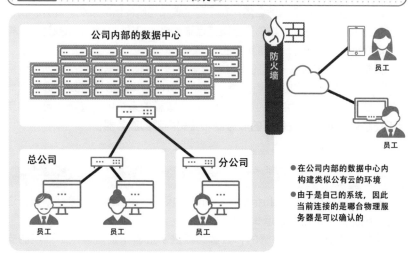

● 在公司内部的数据中心内
构建类似公有云的环境

● 由于是自己的系统,因此
当前连接的是哪台物理服
务器是可以确认的

知识点

✎ 通常所说的云服务大多数是指公有云。

✎ 在公司内部构建专用云服务环境的私有云数量在不断增加。

11

» 基本的系统架构

用户端的系统架构

在云服务中，由于服务器和网络设备是由提供商提供的，因此如图1-11所示，用户端的系统架构极为简单。其基本的架构与**客户端/服务器系统**（以下称为C/S架构）的关系类似，服务器放置在提供商处，客户端放置在用户处。当然，如果系统规模变大，也可以采用将云端服务器与公司内部服务器连接起来的架构。

由于用户是通过互联网对云服务进行访问的，因此无论分公司的数量是多少、距离是远是近、在国内还是在国外，用户在使用时都感受不到太大的区别。

因此，这种架构非常适合用户在不同位置和场所使用的系统。此外，由于扩展系统规模很容易，严格的安全防范措施也是现成的，从使用和探讨系统构建的角度来看，这些都是非常重要的。

将整个系统连接在一起的网络由云服务提供商、电信运营商等网络供应商、ISP等各种不同的供应商提供。因此，可以选择能够连接到候选的云服务的，或者有大量成功案例的供应商。在大规模的系统中，甚至还可以**使用专用线路连接云服务提供商的服务器和公司内部的服务器**。

移动环境的改善

即使是在一般的企业和组织中，对从平板电脑和智能手机等移动设备连接到系统的需求也在快速增长。

正如在**1-2**节中所讲解的，云服务提供了对**移动设备连接的环境**的支持。当然，这也是需要购买才能使用的功能。

由于云服务中已经提供了对移动环境的支持，同时也构建了安全系统和网络环境，因此**只要是我们想到的需求，都可以在很短的时间内实现**（图1-12）。

人们工作方式的变革极大地增加了对远程访问系统的需求，因此从这一角度来看，云服务已经逐渐成为不容忽视的存在。

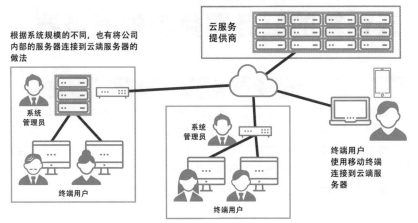

图1-11 云服务的连接与系统架构

根据系统规模的不同，也有将公司内部的服务器连接到云端服务器的做法

云服务提供商

系统管理员

终端用户

系统管理员

终端用户

终端用户使用移动终端连接到云端服务器

终端用户通过公司内部的网络连接到云端服务器

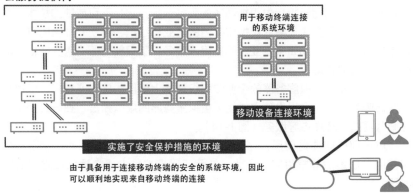

图1-12 移动环境和安全保护措施的改善

云服务提供商

用于移动终端连接的系统环境

移动设备连接环境

实施了安全保护措施的环境

由于具备用于连接移动终端的安全的系统环境，因此可以顺利地实现来自移动终端的连接

知识点

🖉 使用云服务构建的系统架构很简单，用户这一侧主要由客户端设备构成。

🖉 云服务本身提供了移动终端的连接环境，并且是实施了安全防范措施的环境。

» 云计算的服务器是虚拟服务器

虚拟化的原理

云服务主要是以服务器相关的服务为中心，此外也提供了存储和网络等方面的服务。其中，作为主角的服务器是**虚拟服务器**。

如果将虚拟服务器当作物理服务器来举例说明，就相当于在一台服务器中虚拟地或者说在逻辑上集成了多台服务器的功能（图1-13）。

我们可以通过专用软件构建虚拟服务器。

虚拟服务器的共享

如果试图使用真实的物理服务器提供类似云计算的服务，就需要准备与用户数量成一定比例的多台物理服务器，这种做法从商业成本角度看效率非常低。

但是，如果使用虚拟服务器，则一台服务器就可以应对多个甚至大部分用户的请求，因此要想提供更加高效的服务，虚拟化是不可或缺的技术。

当前还有很多尚未导入虚拟服务器的企业和组织，由于云计算的基石就是虚拟服务器，因此如果企业想要使用云服务，就只能抱着"入乡随俗"的心态慢慢习惯和适应。

此外，使用虚拟服务器的企业和组织基本上使用的是**虚拟共享**，但也有一些云服务提供商会提供独占式使用虚拟服务器的**虚拟独占**、独占式使用物理服务器的物理独占等服务（图1-14）。

对于那些即便是使用云服务，还是抱有"这台服务器必须完全归本公司使用"思维的非常讲究的企业，推荐使用虚拟独占或物理独占类型的服务器。

图1-13 ··············· 虚拟服务器 ·······························

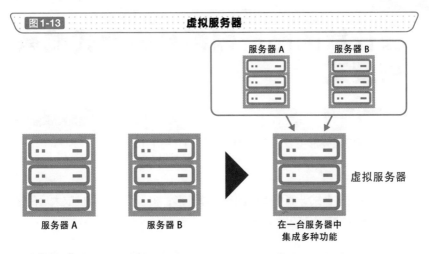

服务器 A　　　服务器 B

服务器 A　　　服务器 B　　　▶　　　在一台服务器中
集成多种功能

虚拟服务器

图1-14 ··············· 虚拟共享、虚拟独占、物理独占的区别 ················

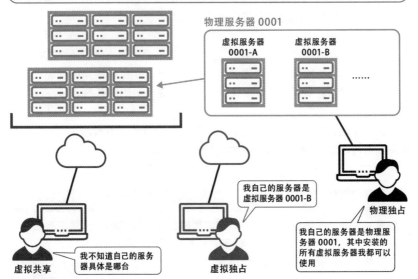

物理服务器 0001

虚拟服务器
0001-A

虚拟服务器
0001-B

……

我自己的服务器是
虚拟服务器 0001-B

物理独占

我自己的服务器是物理服
务器 0001，其中安装的
所有虚拟服务器我都可以
使用

我不知道自己的服
务器具体是哪台

虚拟共享　　　　　　虚拟独占

知识点

🖉 云服务供应商提供的服务器基本上是虚拟服务器。

🖉 云服务提供商提供的大多数是虚拟共享类型的服务器，但是也有虚拟独占
和物理独占类型的服务器。

》云计算的服务器都是机架式或高密度式

按外形划分服务器的种类

服务器按照外形主要可以分为以下三种（图1-15）。

- 塔式

    具有与台式计算机类似的长方体外形，相当于将计算机放大后的形状，是办公室内常见的类型。

- 机架式

    使用专用的机架安装每台服务器，适用于对扩展性和容错性有要求的场合。可以很方便地在机架中添加新的服务器，而且由于使用专用的机架进行保护，因此具有较强的容错能力。

- 高密度式

    机架式服务器的派生类型主要是针对需要大量使用服务器的数据中心设计的服务器类型。其电源、冷却风扇等公用部件被集中安装在机架一侧，目的是实现更加轻量化、小型化且更省电的服务器。

综上所述，机架式和高密度式是数据中心设置的服务器的主流类型，操作系统则可以使用Windows Server、Linux、UNIX等。

其他类型的服务器

其他大型计算机包括专门设计的**大型机**和**超级计算机**，通常也被归为服务器一类（图1-16）。近年来，量子计算机也成为非常热门的话题。

虽然有一些服务供应商会使用这类大型计算机和服务器提供针对特殊的计算需求的服务，但这仅仅是面向很少一部分的研究机构和企业的专用且特定的服务。

图1-15　云计算的服务器类型

塔式

机架式
大多数数据中心的服务器
安装在专用机架中

机架式

高密度式
从机架内剔除公用部件并
进一步小型化后的机型

图1-16　大型机和超级计算机

大型机

大型机的 CPU、内存、磁盘
等部件安装在不同机箱里

超级计算机

● 超级计算机可以说是计算机中的"战斗机"
● 追求最高的性能，体积比大型机更大

知识点

✐ 在云服务中使用的服务器以机架式和高密度式为主。

✐ 也有使用超级计算机等特殊服务器提供专用且特定的计算服务的供应商。

》 云服务的存储设备

塔式、机架式和高密度式结构的区别

1-8节中对云服务的服务器（包括机架式和高密度式的服务器）进行了讲解。

在办公室里最常见的塔式服务器中，的确是将CPU、内存、磁盘集成在像塔形状一样的框体（机箱）中。

机架式服务器为了将服务器放入机架内，采用了将塔式机箱横向放置的形状，两者的内部结构其实是一样的。

但是，高密度式服务器则是在同一个机箱内设置多台小型的服务器节点，将磁盘设置在服务器节点的外部，服务器节点的内部则主要由CPU和内存组成。也就是说，与塔式和机架式不同，高密度式服务器是将**磁盘设置在单独的机箱中**（图1-17）。

如果对服务器的磁盘进一步进行说明的话，常见的是采用将RAID（Redundant Arrays of Independent Disks，磁盘阵列）与SAS（Serial Attached SCSI，串行SCSI）或iSCSI组合使用的结构。

适用于大多数系统和海量数据的存储器

服务器和存储器可以直接连接的状态称为**DAS**（Direct Attached Storage，直接连接存储）。如果是小规模系统或者数据量较少，使用这种方式的存储是比较有效的做法。将其用于办公室中设置的文件服务器完全没有问题，但是数据中心一般不会采用这种存储方式。以前的数据中心使用得最多的是**SAN**（Storage Area Network，存储区域网络），其次是**NAS**（Network Attached Storage，网络附属存储），近年来随着大容量和备份需求的增加，采用**对象存储系统的案例呈现出激增趋势**（图1-18）。

随着云计算类型的对象存储系统Amazon S3（Amazon Simple Storage Service，Amazon简单存储服务）的登场，人们对存储系统的认知也在发生改变。

图 1-17　塔式、机架式和高密度式结构的区别

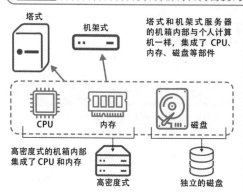

塔式和机架式服务器的机箱内部与个人计算机一样，集成了 CPU、内存、磁盘等部件

高密度式的机箱内部集成了 CPU 和内存

参考：服务器的磁盘

SAS：有两个端口，与 CPU 之间有两条通道，因此性能和可靠性更高。此外，SATA 只有一个端口

RAID：将多个物理磁盘排列在一起，使其看上去像是一个磁盘，并将数据写入适当的磁盘空间中

图 1-18　DAS、SAN、NAS和对象存储系统的区别

DAS 的结构

在每个服务器中都分别配置了磁盘

优点：结构简单，使用方便

问题：
- 很难高效地扩展整体的磁盘容量
- 服务器与磁盘的关系是固定的

SAN 的结构

FC 交换机

SAN

配置的是供所有服务器使用的磁盘

优点：
- 高效的磁盘利用率
- 增加磁盘很简单

问题：FC 等设备的价格较高

NAS 的结构

LAN

NAS

配置的是供所有服务器使用的磁盘

优点：
- 高效的磁盘利用率
- 增加磁盘很简单

问题：磁盘的访问速度并不快

对象存储系统的结构

DAS、SAN、NAS 是传统的存储系统
（对于服务器所需的磁盘容量可以在一定程度上预估），
而颠覆传统认知的新的存储系统已经登场
（对于服务器所需的磁盘容量难以预估，
如无限增加的视频文件等）

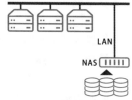

HTTP 等

知识点

✎ 高密度式服务器的磁盘设置在单独的机箱中。

✎ 以前的主流存储方式是SAN和NAS，目前对象存储系统的使用率也在急速增长。

≫ 机架中的系统组成

机架内设备的设置示例

1-9节对数据中心使用的服务器的种类和主流的机架式及高密度式的服务器进行了讲解。

实际上，即使能进入数据中心的内部一探究竟，也难以"窥视"服务器的"庐山真面目"，因为它们被放置在专用的服务器机架中，且机架的门是关闭状态。

图1-19展示的是一台设置在数据中心内的典型的机架及其内部的物理结构。打开机架的门，即可看到其中放置着如下设备。

- **交换机**

    包括负责机架内部与外部的服务器之间通信的层交换机，以及负责机架内部服务器与存储设备之间通信的专用交换机。

- **机架式服务器**

    如图1-19所示，一个机架中设置了十几台服务器。

- **存储设备**

    以SAN类型的存储设备为例，它是一种将服务器和存储设备之间的关系从1：1通过网络扩展为n：1的技术。图1-19中设置了可以针对大量服务器进行扩展的存储设备。

其他的服务器

图1-20展示的是将机架去除后，剩下的放置在其内部的设备，可以看出，使用专用机架可以将这些设备整齐且高效地进行放置。

图1-19 服务器机架内设备的设置示例

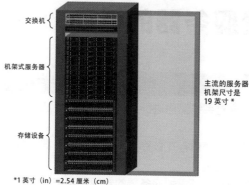

交换机

机架式服务器

存储设备

主流的服务器
机架尺寸是
19 英寸 *

*1 英寸（in）=2.54 厘米（cm）

图1-20 去除机架后的状态（SAN的场合）

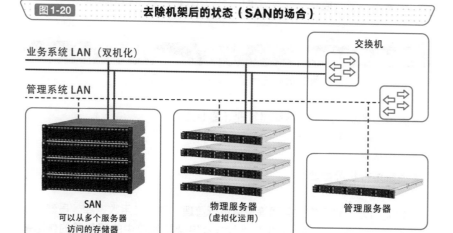

业务系统 LAN（双机化）

管理系统 LAN

交换机

SAN
可以从多个服务器
访问的存储器

物理服务器
（虚拟化运用）

管理服务器

知识点

✎ 数据中心的内部设置了大量机架，在每个机架中还分别设置了交换机、存储设备、机架式服务器等。

✎ 机架中配备了多台服务器可以共享访问的存储设备，极大地提高了使用效率。

» 控制大量服务器的机制

控制器概述

　　1-6节从用户的角度对系统架构进行了讲解。本节将从云服务提供商的角度对系统架构进行说明。

　　云服务提供商的数据中心内存在被称为**控制器**的服务器，负责对其提供的服务进行综合的管理和运营。

　　控制器相当于负责统一执行虚拟服务器的管理和用户认证操作的C/S系统中的服务器。如同C/S系统中的服务器负责管理大量的客户端计算机一样，被称为控制器的服务器也管理着大量的服务器和网络设备（图1-21）。

　　因此，控制器是实现云服务必不可少的功能。如果要探讨构建私有云的需求，就不得不对控制器或具有类似功能的软件的相关知识进行学习。

控制器具备的功能

　　下面对控制器具备的功能进行简单介绍，具体如下。

- 虚拟服务器、网络、存储器管理（图1-22）。
- 资源分配（用户分配）。
- 用户认证。
- 系统运行状况管理。

　　控制器为了对大量服务器等设备进行管理，需要使用数据库。虽然控制器是服务器中的服务器，但实际上其与**C/S架构系统中的服务器**的作用是类似的。

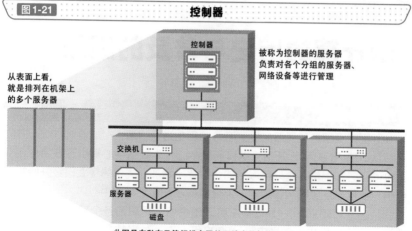

图 1-21　控制器

控制器

被称为控制器的服务器
负责对各个分组的服务器、
网络设备等进行管理

从表面上看，
就是排列在机架上
的多个服务器

交换机

服务器

磁盘

此图是在私有云等规模有限的环境中的架构。
云服务提供商采用的是类似图 1-22 中具有可扩展性的架构

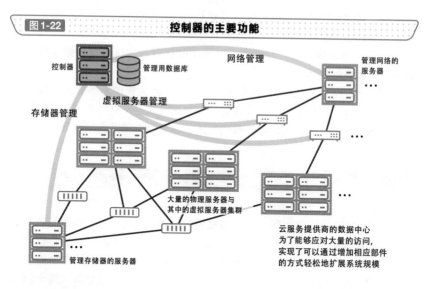

图 1-22　控制器的主要功能

控制器

管理用数据库

网络管理

管理网络的
服务器

虚拟服务器管理

存储器管理

大量的物理服务器与
其中的虚拟服务器集群

云服务提供商的数据中心
为了能够应对大量的访问，
实现了可以通过增加相应部件
的方式轻松地扩展系统规模

管理存储器的服务器

知识点

∥在云服务中存在负责管理大量服务器的被称为控制器的服务器。

∥控制器发挥着与 C/S 架构系统中的服务器类似的作用。

>> 云计算的历史与普及的原因

历史与变迁

下面对云服务和云服务发展至今的历史进行讲解。

从20世纪90年代开始，以美国为中心，为数据中心提供设置用户企业系统的服务和提供系统外包服务的企业逐年增加。先进的企业已经开始将曾经由企业信息系统部门管理的一部分服务器迁移到数据中心内。

从企业内部来看，1995年左右，由企业或组织的各个部门内部对服务器进行管理的模式仍然是主流；2000年左右，越来越多的企业开始将部门内部的**服务器集中**进行管理；2005年左右，已经发展为利用虚拟化技术实现高度复杂的服务器集中化和运用（图1-23）。

由于高度集中化的虚拟化服务器和其他相关设备的运用非常复杂，因此很多企业和组织萌发了将这些业务外包出去的想法。

为了满足这类需求，亚马逊、谷歌和微软等各大IT公司开始紧锣密鼓地推进云服务的试运行。

2007年左右，好像突然达成了共识一样，各大提供商纷纷宣布推出云服务。就这样，形成了目前各大IT公司追随这三大巨头推广云服务的局面。

译者注：中国著名的云服务有阿里云、华为云、腾讯云和百度AI云。

云计算服务的多样化

从狭义上看，云服务通常是指亚马逊、谷歌、微软这三大巨头和富士通、IBM、NTT集团等大型IT供应商提供的服务。但实际上，有**很多家提供商都在提供云服务**，特别是那些称为SaaS（Software as a Service，软件即服务）的提供包含应用软件在内的服务，只要拥有优质的应用软件就能提供相应的云服务。因此，越来越多的提供商开始如雨后春笋般地涌入这一新兴市场。虽然市场中已经有大量满足用户各种需求的服务，但也正是这些多样化服务在不断牵引着云计算业务的蓬勃发展（图1-24）。

图1-23 从企业内部看服务器集成的变迁

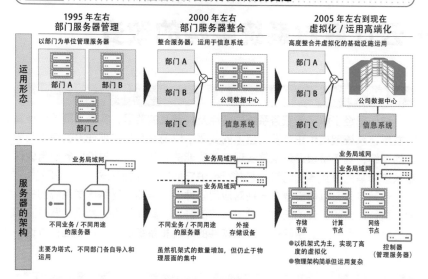

图1-24 各种各样的云服务

财务 / 会计云服务

名片管理云服务

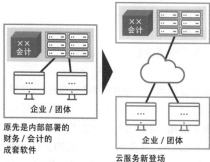

原先是内部部署的
财务 / 会计的
成套软件

云服务新登场

用扫描仪或相机拍摄
名片图片并发送给相
关人员,即可对名片
数据进行共享的名片
专用云服务

知识点

✎在云服务的发展进程中,2005 年是一个巨大的转折点。

✎现在各种不同的提供商可以根据每个企业或团体的具体需求提供相应的
服务。

≫ 云计算对系统架构的改变

需要设计和开发的传统型系统

我们已经了解了云服务系统的特点及其普及的背景，实际上随着云计算的发展，系统架构也正在发生巨大的变化。以前就存在的那些没有使用云服务的系统，基于希望通过系统实现某些功能的想法，开始讨论业务应用软件和系统所需的服务器和网络，来并行推进它们的设计和开发（图1-25）。

也就是说，以前需要在分别对应用软件、服务器、网络这类系统的主要部件进行讨论和设计的同时，推进系统的开发。具体地说，就是需要对支撑服务器的操作系统、中间件等应用软件的环境和系统的安全措施进行讨论。

基于云计算服务的系统

如果以使用云服务的应用软件为例来考虑，则系统的开发过程将变得更为简单（图1-26）。

- 实现这一需求的应用是否存在于云服务中？
- 如果存在，是否能满足用户的访问量？
- 成本、安全、多样化的通信手段是否面面俱到？

从大的层面来说，讨论的观点与不使用云服务的场合是一样的，但是有无现成的服务、适合程度、服务水平等讨论内容可以由提供商开展服务调查并进行评估得到。然后通过一段时间的试用，找到合适的使用方法。

如果是自己构建系统，就需要进行设计和开发这类细节性的工作；但是如果使用云服务，则只需使用现有的服务即可，不仅工作变得更加轻松，而且可以更高效地开展工作。

图 1-25 系统的讨论

① 业务应用软件的讨论

- ●东京的总公司和大阪的分公司的所有员工使用的订单管理系统
- ●近年来由于商品数量增加，预计还需要增加新的系统功能

③ 网络的讨论

② 系统架构的讨论

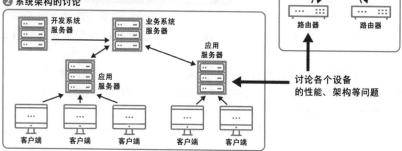

路由器

路由器   路由器

讨论各个设备的性能、架构等问题

开发系统服务器   业务系统服务器   应用服务器   应用服务器

客户端   客户端   客户端   客户端   客户端

图 1-26 探讨业务应用软件的云服务示例

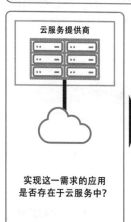

云服务提供商

实现这一需求的应用是否存在于云服务中？

在总公司和分公司使用

还需要能使用移动终端

仅供位于日本国内的员工使用

如果存在，是否能满足用户的访问量？

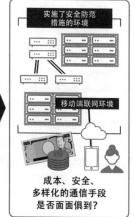

实施了安全防范措施的环境

移动端联网环境

成本、安全、多样化的通信手段是否面面俱到？

知识点

✎ 如果将使用云服务作为前提，则寻找合适的服务并对其进行评估是十分重要的。

✎ 使用云服务需要具备由"自己构建"转变到"找到合适的服务并灵活运用"的能力。

» 从基础设施看云计算的优越性

IT设备与相关设施已准备到位

使用云服务时，会发生改变的不仅是**1-13**节中讲解的构建系统的便利性，即使是着手构建系统或者运用系统之后，也同样能时常感受到使用上的便利性。

因为系统中所必备的**IT设备**、安装和使用中不可或缺的电源、空调、机架等，甚至包括建筑物在内的**相关设施**都是现成的，而且是远远超过用户需求的大规模的设施（图1-27）。

例如，公司内部每个部门共享文件的文件服务器的系统是将服务器和网络设备设置在专用的机架里，并将机架放置在办公楼层的角落或专用房间内。

使用系统的场合，需要在开发系统的同时准备相应的设备；而如果是使用云服务，为了满足各种不同用户的需求，提供商会事先准备好设置在机架中的服务器集群。

使用量的扩大和缩小很容易

在云服务提供商的数据中心内配备了大量IT设备、机架和电源等。用户如果不关心成本，那么想用多少就可以用多少。

如图1-27所示，可以看到完备的基础设施和大量设备足以让用户实现**自由自在地扩大或缩小自身的使用量**。

但是，设置在郊区的实际的数据中心如图1-28所示。

出于安全方面的考虑，建筑物上并不会大张旗鼓地挂上标有公司名称的招牌，只有知道的人才知道这是什么建筑物。而设置在城市中心的数据中心通常是一整栋楼，一般人也无从知晓这里就是数据中心。

图1-27 .... **维持系统所需的设备** ....

服务器除了具体的网络设备等 IT 设备外，
还需要设置电源、空调、机架，以及有足够空间的建筑物

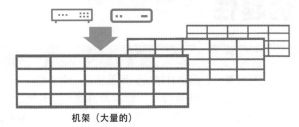

机架（大量的）

大型电源设备

大型空调设备

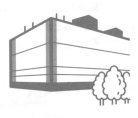

建筑物（数据中心）

图1-28 .... **数据中心示例** ....

位于郊区的数据中心（如富士通的馆林中心等）

- 数据中心的外观大多看上去像一座大型工厂
- 出于防灾和温湿度控制的需要，大多采用低层建筑且几乎没有窗户
- 此外，也有使用整栋楼的城市型数据中心，出于安全方面的考虑，一般不对外公开

知识点

✎ 云服务事先配备好了系统所必需的IT设备和设施。

✎ 由于云服务提供商的数据中心内配备了大量的IT设备和设施，因此用户可以简单地扩大或缩小其使用量。

» 从系统运用角度看云计算的优越性

不需要自建开发环境

自己开发系统、启动并持续运用系统是一件非常辛苦的事情。

当系统扩展到一定规模后，就需要准备一个专用的系统环境，称为开发机或开发环境，在构建生产系统环境的同时，并行地推进系统的开发工作（图1-29）。

如果使用云服务，则首先可以从最低限度的开发环境开始使用，**再根据具体情况追加生产系统**。这样企业不仅可以从采购服务器和网络设备的烦琐工作中解放出来，而且可以节省用于放置这些设备的空间和场地。

只管运用无须维护

系统启动并正式开始运行后，管理系统运营的负责人会定期对IT设备是否运转正常进行确认。此外，由于面对的是物理设备，因此需要定期进行维护，在某些情况下可能会发生故障。

对于那些重要的系统，为了应对可能发生的故障和灾难，需要定期进行故障培训，甚至还会进行迅速恢复系统运行的演习（图1-30）。

随着系统数量的增加，相应的设备数量也会增加，这样就会进一步加重运维的负担。

而在云服务中，系统运营是由设备所有者，即服务提供商负责的。**越来越多的企业因为想要节省运营成本而选择将使用系统迁移到云服务中**。另外，每天被大量IT设备包围其中，看管这些设备也的确是一件非常辛苦的事情。

或许在实际中经历过故障培训的人并不多，但是在后台，这些必需的故障应对和恢复等困难任务，可以全部都委托给云服务提供商处理。

图1-29 生产系统、开发系统、测试系统

除了实际业务中使用的系统和 IT 设备以外，
还存在用于开发和测试环境的系统和设备

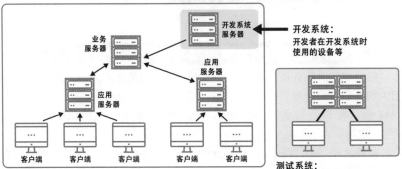

开发系统：
开发者在开发系统时
使用的设备等

测试系统：
主要用于测试的设备，在
大规模的系统中需要用到

生产系统：
终端用户在实际业务中使用的系统

图1-30 运行监控、系统维护、故障培训

运行监控
（确认运行和功能是否正常的专职负责人）

系统维护
（专职负责人或制造商）

故障培训（定期举行）

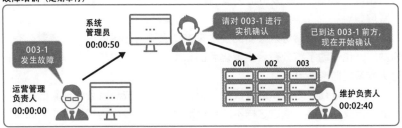

知识点

系统开发时需要构建开发环境和生产环境，使用云服务则可以根据具体情况灵活地构建环境。

为了减轻运维的负担，越来越多的企业选择将系统迁移到云服务中。

》 云服务的市场规模

超过1.2万亿日元的云服务市场

根据专门从事IT市场调研的IDC Japan公司的市场预测，2018年日本国内的公有云服务市场规模同比增长27.2%，达到6688亿日元（图1-31）。同样地，私有云服务的市场规模同比增长38.6%，达到5764亿日元（图1-32）。

从两者相加超过了1.2万亿日元的这一市场中，就可以理解人们对云服务的期望为何如此之高。另外，从高速的增长率上也可以反映出这一点。

根据对2023年市场规模的预测，公有云市场将是2018年的2.5倍，达到1.694万亿日元；私有云则会是4.7倍，高达2.7万亿日元。可以预见，几年之后的私有云市场规模将超过公有云市场规模。

私有云增长的原因

从市场现状来看，公有云服务的发展正如日中天。这主要是因为市场消除了安全方面的顾虑，而各家云服务提供商也扩充了更加细致周到的服务，再加上SaaS市场吸引了大量的企业涌入，因此公有云市场得到了迅猛的发展。

公有云总是经常导入最新的技术来推动云服务技术的进步。随着公有云的发展，也带动了将公有云小型化后的私有云技术的进步，并以蓄势待发的势头准备随时迎头赶上。

IT产业以几年为周期进行**技术革新**，一旦技术成熟就会出现新的技术引领整个行业的发展，通过这样不断地更新迭代推动技术的持续进步。如果将2018年和2019年作为云服务技术革新的一个阶段，那么进入成熟期后，**私有云会以迅猛的势头加速发展**也就是情理之中的事情。在经历了适应期可以熟练运用这一技术之后，会发现实际上期望使用可以自己掌舵的私有云的企业反而要更多。

图 1-31 .... **日本公有云服务的市场规模**

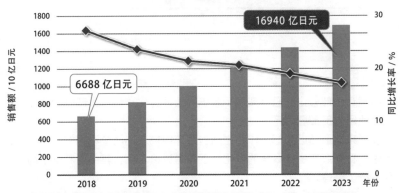

日本国内公有云服务市场销售额预测（2018—2023 年）

※作为调查对象的服务是 SaaS、PaaS、IaaS 等，不包括相关 IT 服务（导入、运营、支持等）及软件（如在 PaaS/IaaS 上运行的应用程序）

引自：日本国内公有云服务市场预测（IDC 日本株式会社调查）

图 1-32 .... **日本私有云服务的市场规模**

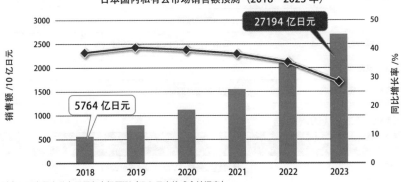

日本国内私有云市场销售额预测（2018—2023 年）

引自：日本国内私有云服务市场预测（IDC 日本株式会社调查）

知识点

✐ 云服务市场已经成为超过 1 万亿日元的巨大市场。

✐ 在不久的将来，私有云的市场规模很可能超过公有云。

开始实践吧

将身边的系统云计算化

　　虽然有一部分企业已经实现了系统的云计算化，但是大部分企业和组织仍必须使用内部部署的系统。

　　接下来从最贴近我们工作和生活的系统中挑选出两个不同的系统导入云服务中，看看会产生什么样的变化。下面是讨论示例，其中对若干个简单的项目进行了整理。

讨论项目与需要云计算化的系统的示例

系统示例1：文件服务器

探讨项目	内容或示例
服务器	计算机服务器（Windows Server）
网络	公司内部局域网
客户端/终端	计算机客户端60台（一个组织）
其他设备	无
今后的发展和要求	最好从移动终端也能连接

系统示例2：打印服务器

探讨项目	内容或示例
服务器	计算机服务器（Windows Server）
网络	公司内部局域网
客户端/终端	计算机客户端100台（两个组织）
其他设备	打印机两台
今后的发展和要求	无特殊要求

　　系统示例1和系统示例2的区别在于客户端的台数、有无打印机和打印数据等项目。

构建系统优先考虑云服务的时代——

云是系统的基础

≫ 优先考虑云服务的时代

政府的基本方针

2018年6月，日本政府公布了《政府信息系统中云服务使用相关的基本方针》，正如 Cloud By Default 这一原则所示，各级政府部门已经表示其信息系统会优先考虑使用云服务。

虽然日本中央政府率先表示将使用云服务实现办公数字化，但是在发表这一消息之前，需要先实现的是内阁府定义的 Society 5.0（图2-1）。

Society 5.0是一个将虚拟空间和现实生活高度融合的系统，旨在解决经济发展和社会平衡的问题，并通过人工智能、物联网等技术将第四期的信息社会发展为第五期的未来社会。

作为政府展望未来社会的基础技术之一，**云计算受到了高度重视**。毫无疑问，云计算将与人工智能、物联网等先进技术一起，以迅猛之势不断发展壮大。

安全的方向性

人们对云服务安全相关的方向性也提出了要求。在美国，基于政府机密信息和其他重要信息的管理指南，政府制定了称为 FedRAMP（Federal Risk and Authorization Management Program，联邦风险和授权管理项目）的云服务采购标准。日本政府将美国的动向作为参考，推进了日本版的 FedRAMP 的探讨（图2-2）。

日本政府不仅通过这样的方式率先推动了云服务的导入，同时也推进了**云服务采购相关的安全标准**的制定。

2020年下半年，日本版的 FedRAMP 作为制度正式开始施行。大家今后在讨论导入云服务时，可以留意这方面的信息，将其作为参考。

图2-1 **Society 5.0概要**

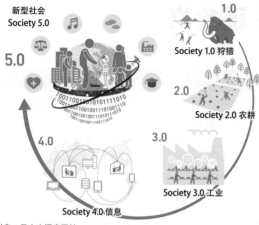

新型社会
Society 5.0

1.0
Society 1.0 狩猎

2.0
Society 2.0 农耕

3.0
Society 3.0 工业

4.0
Society 4.0 信息

● 依靠将赛博空间（虚拟空间）与物理空间（现实空间）高度融合的系统，解决经济发展与社会平衡的矛盾，建立以人为本的社会（Society）

● 继狩猎社会（Society 1.0）、农耕社会（Society 2.0）、工业社会（Society 3.0）、信息社会（Society 4.0）之后的新型社会，在第五期科学技术基础计划中作为日本政府对未来社会的展望被提出

引自：日本内阁府网站

图2-2 **日本版FedRAMP制度实施进程**

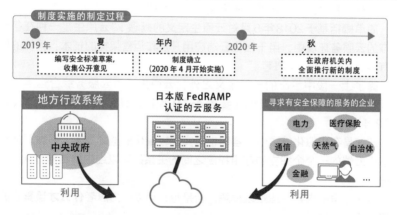

制度实施的制定过程

2019 年 ———— 夏 ———— 年内 ———— 2020 年 ———— 秋

编写安全标准草案，收集公开意见

制度确立
（2020 年 4 月开始实施）

在政府机关内全面推行新的制度

地方行政系统
中央政府

日本版 FedRAMP
认证的云服务

寻求有安全保障的服务的企业
电力 医疗保险
通信 天然气 自治体
金融 …

利用 利用

● 日本版 FedRAMP 是日本政府对云服务采购制定的安全标准
● 不仅是政府，寻求有安全保障的云服务的企业和团体也将会陆续采用通过认证的云服务

知识点

✍ 日本政府非常重视作为信息系统基础的云服务。

✍ 日本政府推进了云服务采购的安全标准的制定和执行。

》 云原生的真正含义

云原生的一般含义

相信一定有很多人听过**云原生**这个词。它是指以使用云服务为前提，在云环境中设计和开发的系统和应用软件（图2-3）。

随着这类相关词语的传播，在云服务环境中开发并直接使用的系统也在增加。实际上，一些年轻的工程师并没有真正见过或者接触过服务器和网络设备的实物。

CNCF的定义

云原生开发开源软件的组织CNCF（Cloud Native Computing Foundation，云原生计算基金会）对云原生的定义是技术性的。

简单概括基于2018年6月对云原生定义的概念："云原生是一种在各种动态的云服务环境中，用于强化云端应用开发和运营架构的技术，具体的例子有容器、微服务、API等。"

除了上一段中给出的一般定义之外，云原生还为云服务综合运用了**容器**（参考**4-6**节）和**微服务**（参考**4-10**节）等具有云计算特色的技术（图2-4）。

即使是在虚拟化技术中，容器也是实现轻量化的基础技术。而微服务和存在于云端的一个个独立的应用程序之间的关系是可以经由网络通过API互相调用。

虽然这里的内容有些难以理解，但是也许可以作为思考**什么才是真正的云服务**的一个提示。

图2-3 基于云原生的系统开发

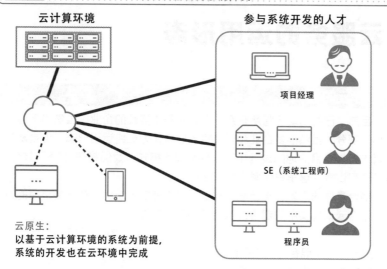

云计算环境

参与系统开发的人才

项目经理

SE（系统工程师）

程序员

云原生：
以基于云计算环境的系统为前提，
系统的开发也在云环境中完成

图2-4 容器与微服务概要

容器化
的
进程

API

容器化
的
进程

API

容器化
的
进程

微服务是容器化进程和
服务通过 API 相互调用
的关系

云服务器
的内部

实现容器型虚拟化
功能的软件（Docker 等）

操作系统

云计算环境

云服务器

容器是以实现轻量级虚拟化
的软件为核心的技术

知识点

✐ 云原生是一个象征现代系统的术语。

✐ 容器和微服务充分体现了云服务的特色。

» 云服务的运用形态

混合云的模式

目前，已经出现了将所有系统在云服务中实现的企业，虽然当下还只是很小一部分。虽然很多企业和团体将云服务作为最终运用形态，但是从当前位置走向最终目的地的过程中有几种不同的模式，我们将在第7章对该内容进行详细讲解，这里只了解它的概要即可。

结合具体的需求，将云服务和云服务之外的系统组合在一起运用的方式称为**混合云**。现实中的混合云包括下列几种模式。

- 内部部署 + 混合云/数据中心。
- 内部部署 + 数据中心 + 混合云。
- 上述组合加上私有云。
- 混合云 + 私有云。

与相关人员进行讨论时，建议像图2-5那样，以从视觉上和物理上都容易理解的方式绘制草图进行确认。

使用混合云时的注意事项

大多数采用云服务的企业和团体是处于使用混合云的状态。这是因为企业在转向完全使用云服务的过程中，会将原先存在的多个在内部部署的系统按照迁移的难易程度依次进行迁移。

首先需要考虑的是迁移到云服务中还是数据中心中。如果没有坚持使用专用环境的理由或者比较特殊的需求，完全可以考虑使用云服务。

使用混合云时，绝对不能忘记各个系统之间的网络通信和联动关系。所以，在绘制草图时不要忘记**横向联动**（图2-6）。

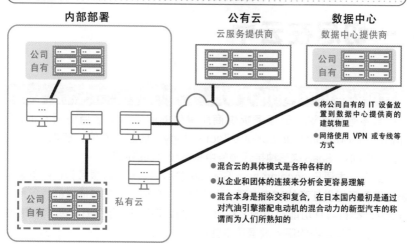

图2-5 ⋯⋯⋯⋯⋯⋯⋯⋯⋯⋯⋯⋯⋯⋯ **从用户的角度确认混合云** ⋯⋯⋯⋯⋯⋯⋯⋯⋯⋯⋯⋯⋯⋯

内部部署

公有云
云服务提供商

数据中心
数据中心提供商

公司自有

私有云

公司自有

公司自有

- 将公司自有的 IT 设备放置到数据中心提供商的建筑物里
- 网络使用 VPN 或专线等方式

- 混合云的具体模式是各种各样的
- 从企业和团体的连接来分析会更容易理解
- 混合本身是指杂交和复合，在日本国内最初是通过对汽油引擎搭配电动机的混合动力的新型汽车的称谓而为人们所熟知的

图2-6 ⋯⋯⋯⋯⋯⋯⋯⋯⋯⋯⋯⋯⋯⋯ **从混合云的角度确认横向联动** ⋯⋯⋯⋯⋯⋯⋯⋯⋯⋯⋯⋯⋯⋯

内部部署

公有云
云服务提供商

数据中心
数据中心提供商

公司自有

系统之间及数据的联动

公司自有

系统之间及数据的联动

公司自有

各个系统之间的联动和数据的传输不可能完全没有，因此需要确认进行联动的必要性及应当如何实现比较合适

知识点

- 在推进云服务化的过程中，使用混合云的状态是不可避免的。
- 使用混合云时需要注意各个系统之间的横向联动。

41

» 一切尽在云中

云可以提供所有的ICT资源

毫不夸张地说，云服务提供商所提供的服务囊括了当今所有的ICT（Information Communications Technology，信息、通信、技术）资源。IaaS、PaaS、SaaS这三种是云服务中具有代表性的服务。

如今，术语Everything as a Service（XaaS，一切皆服务）也用于表示**通过互联网提供任意的ICT资源**。也就是说，任何作为服务提供的信息系统或ICT，都有与其功能对应的名称服务。图2-7中只展示了几个具有代表性的服务，而现实中的服务数量是不胜枚举的。

从细分化的功能中选择

信息系统和ICT都是在云端作为服务提供的，不过本质上还是IaaS、PaaS、SaaS这三种服务。STaaS和DBaaS是将IaaS和PaaS的一部分功能独立出来的服务。如果只从DaaS的字面意思去理解，可能大家想到的是物理的台式计算机或客户端计算机，而实际上它是专门为放置在服务器上的虚拟的台式计算机服务的，当然也有提供商将其作为IaaS服务提供。

但是，也正是因为像这样将云服务**划分成更加细分的功能，企业和组织才能找到专门针对它们亟待解决的功能或短板所提供的服务，从而进一步推动云计算产业的进步**。

图2-8中展示的是DBaaS和BaaS示例，也有将它们作为IaaS或PaaS的选项提供的服务提供商。

不过，将as a Service这样按各自的功能对服务进行区分，可能会更加容易理解。

图2-7

构成XaaS的服务

服务形态	提供的ICT资源
IaaS （Infrastructure as a Service）	硬件（CPU、内存等）、操作系统、通信环境等基础设施
PaaS （Platform as a Service）	作为应用软件运行环境的应用服务器和数据库等平台及开发环境
SaaS （Software as a Service）	应用软件
STaaS （Storage as a Service）	块存储、对象存储等
DBaaS （Database as a Service）	数据库服务
DaaS （Desktop as a Service）	为台式计算机提供的环境
BaaS （Backend as a Service）	用户认证、位置信息服务、推送通知等，主要是智能手机中的应用使用的后端常用服务
IDaaS （Identity as a Service）	身份管理

图2-8

专门用于特殊功能的服务——DBaaS和BaaS示例

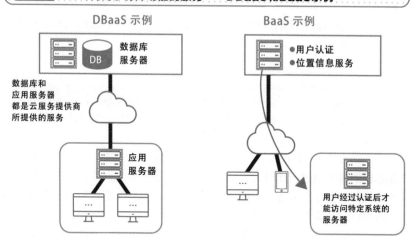

DBaaS 示例

数据库服务器
DB

数据库和应用服务器都是云服务提供商所提供的服务

应用服务器

BaaS 示例

●用户认证
●位置信息服务

用户经过认证后才能访问特定系统的服务器

知识点

✎云服务是将所有的ICT资源通过互联网作为服务提供。

✎通过将功能进行细分，就可以针对自己不擅长的部分或短板进行选择。

≫ 云服务的分类

按服务分类

正如XaaS这个词语所表示的那样，云服务提供了所有的ICT资源。话虽如此，但其本质上主要还是提供IaaS、PaaS、SaaS这几种服务。这里将再次对云服务中的三种主要服务进行讲解（图2-9）。

- IaaS

  由云服务提供商提供服务器、网络设备和操作系统的服务，其中中间件、开发环境及应用软件需要用户自己安装。
- PaaS

  除了提供IaaS服务外，还提供中间件和应用软件的开发环境。
- SaaS

  为用户提供应用软件和使用软件功能的服务，可以对应用软件进行设置和变更。

作为用户的选择

如果是SaaS，则只需要判断是否需要使用该应用软件即可，而IaaS和PaaS则比较复杂。

我们将在 **2-6~2-8** 节中分别对它们进行讲解，在讨论IaaS时，**将其与内部部署的服务器进行比较**会更加容易理解。因为虽然服务器是由云服务提供商提供的，但是业务应用程序是用户的，所以如何实现服务器的详细架构可以由用户自行决定（图2-10）。

对于PaaS，则可以结合用途一起考虑，如操作系统＋DBMS、操作系统＋Web服务器、操作系统＋ Python等组合。业界三大巨头提供的PaaS服务种类的丰富程度也是众所周知的。

图 2-9 · · · · · · **IaaS、PaaS、SaaS之间的关系**

硬件	软件	软件	软件
服务器和网络设备	操作系统：Windows Server、Linux 等	为应用软件的执行提供协助的中间件	业务软件等应用程序

软件
应用软件的开发环境

IaaS

●用户自己准备的中间件、开发环境（需要的场合）、应用软件，在 IaaS 服务器上进行安装

●有的云服务提供商会为 IaaS 提供选项，看上去与 PaaS 比较相似

PaaS

用户在 PaaS 服务器上安装软件

SaaS
用户只需对系统供应商提供的应用软件进行设置和使用即可

图 2-10 · · · · · · **内部部署和IaaS考虑的问题相同**

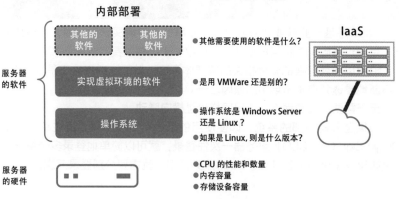

内部部署

服务器的软件
- 其他的软件
- 其他的软件
- 实现虚拟环境的软件
- 操作系统

IaaS

●其他需要使用的软件是什么？

●是用 VMWare 还是别的？

●操作系统是 Windows Server 还是 Linux ？

●如果是 Linux，则是什么版本？

服务器的硬件

●CPU 的性能和数量
●内存容量
●存储设备容量

如上所示，无论是内部部署还是 IaaS，需要考虑的问题是一样的

知识点

✎ 可以将云服务分为 IaaS、PaaS、SaaS 三大类。

✎ 将 IaaS 与内部部署的服务器进行比较会更加容易理解。

≫ 使用整个系统的SaaS

SaaS的流行

SaaS是云服务中最容易理解的服务，因为它提供的是整套系统的服务。例如，销售会计软件套装的企业通过云环境提供服务，如通过云服务提供管理名片的应用程序等（图1-24）。

大规模的示例则包括海外员工在内的全体员工使用的电子邮件或日程管理软件等**群件**（图2-11）。

如果拥有好几万员工的大企业使用群件，则系统规模会非常大。相比自己构建供群件使用的系统和服务器，并进行日常维护所需花费的人工和成本，如果只是常规地使用群件，那么使用云服务成本会更加低廉。

类似这样使用SaaS的场景可以不局限于业务系统，在群件和其他各种领域也完全可以运用。

使用SaaS时的注意事项

SaaS是基于业务或**业务应用程序**使用的，与购买软件相同，大多数情况下是通过基础价格和用户数（许可证数）来计算收费的（图2-12）。

沿用以前就存在的软件相关的收费体系这一做法，或许这正是SaaS能够不断地渗透到传统市场中的原因之一。

至于需要注意的地方，这里同样也是**横向联动**。

如果是公司内部的系统，即使使用的系统有五个，只要通过单点登录（Single Sign On，SSO）服务器一次性登录，就可以简单地登录多个系统；但是如果只是单纯地签订五个SaaS服务合同，就需要分别登录五次。

图 2-11 **SaaS示例**

群件示例

SaaS：电子邮件服务器

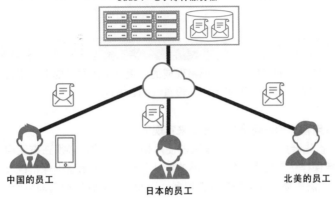

中国的员工　　　　日本的员工　　　　北美的员工

图 2-12 **计算SaaS的使用费**

内部部署所需花费的软件费用　　　　SaaS：业务应用程序

①软件套装的基础价格

②按用户数计价的使用许可证费用

安装到
服务器或客户端计算机中

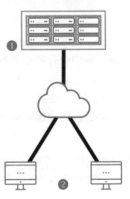

如果使用业务应用软件，则大多数情况下与内部部署时的软件收费机制相同：❶基本的使用许可；❷按用户数计价的使用许可

知识点

✎ SaaS不仅可以用于业务应用软件，其在群件的应用中也不断得到推广。

✎ 大多数情况下，使用SaaS时需要注意系统的横向联动。

➤ 是导入服务器还是利用IaaS

从系统架构的角度

假设业务和业务应用软件都是现成的，接下来需要考虑的是服务器应当采用什么样的架构、系统应当如何设置（图2-13）。

- **是采用物理独占还是虚拟环境来实现？**

  首先考虑是否真的需要独占使用物理服务器。必须独占使用的理由包括保存私密信息（如新产品的设计信息、个人信息中保密程度高的信息）、需要物理连接到特殊的设备，以及需要高性能和高响应速度等。

- **是一台还是多台？**

  然后需要确定无论是物理服务器还是虚拟服务器，是否使用一台就能满足需求，还是说需要考虑到备份等因素必须使用多台服务器的架构。这一点在选择网络架构时也一样。

  这是鉴于系统的重要性，考虑到发生自然灾害等灾难进行灾难恢复，或发生重大故障时也可以确保业务系统继续运行，而预先准备多台设备的想法。也可以设置并选择不同的区域。

- **服务器中保存的业务数据和应用软件的故障防范措施是什么？**

  即使完成了步骤❷，已经做好了服务器端系统环境的灾难和故障的防范措施，也还需要考虑软件方面的防范措施。**采用内部部署的方式导入服务器时也是同样的道理。**

运用和维护

完成了上面的步骤，确定了系统架构之后，接下来需要考虑的是如何监控系统的运行是否正常，或者在发生故障等特殊情况下应当如何监控的问题。

另外，需要考虑升级或增加系统架构的方法，升级系统时应用程序的使用和关闭系统的步骤等也需要深入讨论（图2-14）。虽然仔细研究供应商的服务列表很重要，但是根据设置到IaaS中的**系统的重要性来决定**是比较稳妥的做法。

图2-13 讨论服务器架构的步骤

❶ 是采用物理独占还是 虚拟环境来实现？

❷ 是一台还是多台（无论是 物理独占还是虚拟环境）？

❸ 服务器中所保存的 业务数据和应用软件的 故障防范措施是什么？

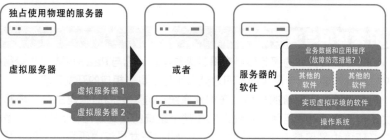

独占使用物理的服务器

虚拟服务器

虚拟服务器 1
虚拟服务器 2

或者

服务器的
软件

业务数据和应用程序
（故障防范措施？）

其他的
软件

其他的
软件

实现虚拟环境的软件

操作系统

图2-14 根据系统的重要程度进行运行和维护

远程运行监控的内容
（是否正常运行？是否发生故障？）

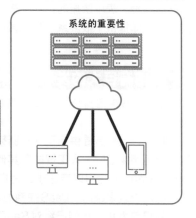

系统的重要性

系统负责人需要讨论的事项示例

更改或增强系统架构的方法

更新系统时应用程序的使用、关闭系统的步骤、业务是否需要双机容错？

● 今后增强或更改系统的频度和可能性 有多大？

● 该系统是否关闭几分钟也不会造成大 的问题？

● 系统数据是否一点儿也都不能丢失？

知识点

✎ 讨论导入IaaS时，可以采取与内部部署服务器的系统架构同样的方式进 行讨论。

✎ 根据系统的重要性考虑和确定系统架构。

» 包含开发环境的PaaS

开发环境与通用部件

随着IaaS类型的服务项目变得越来越丰富，它与PaaS的边界也变得越来越难以界定，两者最大的不同之处在于是否具备相应的开发环境。

如果是内部部署的环境，在构建系统时通常会同时构建生产环境和开发环境，并行地利用两个系统来推动整个系统的正式运行；而PaaS配备的虚拟环境中是包含开发环境的（图2-15），开发过程中所需的工具，从编程语言、工具到软件框架、开发和执行环境等都是事先提供好的。

此外，PaaS也对服务本身进行了加强，不仅提供了开发环境，还提供了客户管理、表单票据的设计，在新的领域中甚至还开始提供对物联网平台的支持，即提供了很多系统都能通用的部件集群（图2-16）。

PaaS有巨大的发展潜力

从PaaS将自身作为通用部件的定位来看，其在未来将具有巨大的发展潜力。

现在，云服务提供商正在不断努力充实物联网平台等通用部件。如果可以灵活运用物联网、人工智能及其他新技术的通用部件，企业和组织就可以通过对PaaS的运用以专注于公司自身的业务。随着市场对新技术和数字化技术的需求越来越高，PaaS在商业应用中的发展会越来越耀眼。

到目前为止，我们已经对SaaS、IaaS、PaaS的相关知识进行了讲解，读者可以将其作为**自己需要哪种服务的参考，或者对提供商的服务进行比较和整理时的思考方式和基准**来使用。

此外，也有一些提供商提供的服务没有使用PaaS和IaaS等术语，读者可以从服务的构成元素来判断其是否属于PaaS或IaaS。

图 2-15 PaaS服务器

内部部署

PaaS

生产环境

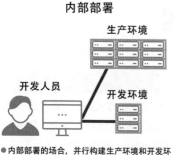

开发人员

开发环境

PaaS

生产环境

编程语言、工具、软件框架、开发和执行环境等也包含在内

开发人员

- 内部部署的场合,并行构建生产环境和开发环境,开发取得阶段性进展后,移植到生产环境中进行测试,并进入正式安装阶段

- 在大规模的系统中,构建专用的测试环境的做法也比较常见

PaaS 的场合,生产环境的虚拟服务器中也配备了开发环境

图 2-16 PaaS中通用部件的实现

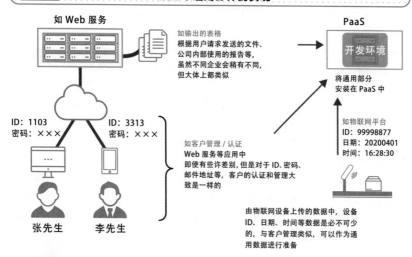

如 Web 服务

如输出的表格
根据用户请求发送的文件、公司内部使用的报告等,虽然不同企业会稍有不同,但大体上都类似

PaaS

开发环境

将通用部分安装在 PaaS 中

ID: 1103
密码:×××

ID: 3313
密码:×××

如物联网平台
ID: 99998877
日期: 20200401
时间: 16:28:30

如客户管理 / 认证
Web 服务等应用中
即使有些许差别,但是对于 ID、密码、邮件地址等,客户的认证和管理大致是一样的

张先生

李先生

由物联网设备上传的数据中,设备 ID、日期、时间等数据是必不可少的,与客户管理类似,可以作为通用数据进行准备

知识点

✎ 开发系统时,开发环境和通用部件的使用非常重要,而这些在PaaS中都包含在内。

✎ 在考虑自己所需要的服务时,或者对各家提供商的服务进行比较时,可以参考PaaS和IaaS的概念。

≫ 云服务的区分使用

按业务区分使用

1-4节讲解了存在类似云服务的数据中心服务；2-3节讲解了选择结合云计算之外的系统一起使用的混合云环境的企业和团体正在增加；2-4节之后讲解了云服务提供的服务内容大致可分为SaaS、IaaS、PaaS三种类型，而且市场中存在各种不同的云服务提供商。

云服务的形态呈现出多样化趋势，云计算也进入了根据业务和目的等具体的需求提供可供用户区分使用的服务细分化时代。

例如，客户管理系统使用A公司的PaaS、账务会计系统则使用B公司的SaaS等。类似的业务可以对多个公司提供的服务进行区分使用，像这样同时使用多个云服务的做法称为**多云计算**（图2-17）。

按层次区分使用

前面提到过横向联动，上述业务的区分使用实际上就是横向进行的。

实际上，在多云计算中也存在**纵向联动**。这是比较新的使用方法。就像图2-8中的BaaS示例和图2-18中的在多个系统中使用BaaS那样，采取分层使用的方式，用户管理使用X公司提供的服务，通过认证后再使用Y公司和Z公司提供的服务。

如果以内部部署为例，其与通过SSO服务器登录业务系统是同样的方式。除了示例中的使用方法之外，还有其他各种不同的用法。虽然通过层次结构区分使用的系统较为复杂，但是从安全防范措施和网络使用的效率的角度来看，其非常有吸引力。

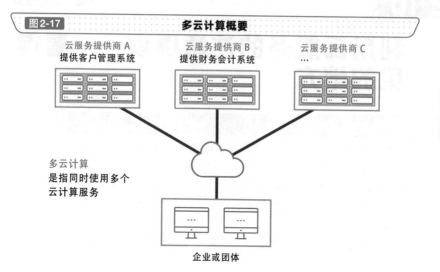

図2-17 多云计算概要

云服务提供商 A
提供客户管理系统

云服务提供商 B
提供财务会计系统

云服务提供商 C
…

多云计算
是指同时使用多个
云计算服务

企业或团体

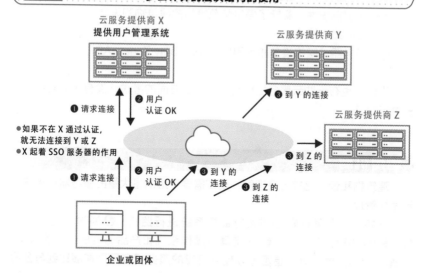

图2-18 多云计算的层次结构的使用

云服务提供商 X
提供用户管理系统

云服务提供商 Y

云服务提供商 Z

❶ 请求连接
❷ 用户认证 OK
❸ 到 Y 的连接
❸ 到 Z 的连接

● 如果不在 X 通过认证，
就无法连接到 Y 或 Z
● X 起着 SSO 服务器的作用

❶ 请求连接
❷ 用户认证 OK
❸ 到 Y 的连接
❸ 到 Z 的连接

企业或团体

🖊同时区分使用多个公司提供的云服务的操作称为多云计算。

🖊多云计算不仅可以横向联动，也可以在层次结构的纵向关系中使用。

第 2 章 构建系统优先考虑云服务的时代

» 利用云服务的注意事项——看得见的地方

数据中心的设计

如果考虑在公司内部管理系统，可能大家脑海中浮现的是信息系统中心、计算机房或者公司总部的专用空间等场所。

这时就需要确认具体的设置场所、建筑物是否具有足够的抗震性和完备的电气设备，内部的设备是否能够正常运行等这类确保系统可以稳定运行的前提条件。

如果换成数据中心，则需要对下列几点内容进行确认（图2-19）。

- 日本国内外的场所（**区域**）。例如，将运行系统的主要区域设置在东日本1，在西日本区域或海外区域B设置备份用于**灾难恢复**等。
- 具有足够抗震性和实施了停电防范措施的建筑物和设备。
- 运营商网络和路由。
- 物理服务器、网络设备和可用区（Availability Zone，AZ）。

当然，也有一些云服务提供商出于安全方面的考虑，没有对某些细节部分进行公开。

运用机制

建筑物和设备比较容易理解，现在需要考虑的是大量的服务器和系统应当怎样管理。

例如，需要确认❶通过运行监控系统进行监控，❷通过报告进行汇报，❸24小时人工监控，❹配备具有操作系统和产品的资格认证的人员，❺确定运维负责人等，**是否可以提供可靠的服务或者是否能够达到与公司内部管理水平相当的管理**等方方面面的问题（图2-20）。

图 2-19　从地域开始讨论数据中心

① 地域

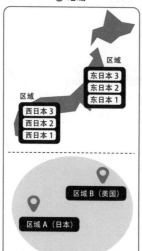

区域
东日本 3
东日本 2
东日本 1

区域
西日本 3
西日本 2
西日本 1

区域 B（美国）
区域 A（日本）

② 建筑物与设备

大型空调设备　　大型电源设备

③ 运营商网络

运营商线路 1 生产系统　服务器机房　运营商线路 1 备用系统
运营商线路 2 生产系统　MDF 室　管控室　MDF 室　运营商线路 2 备用系统

④ 可用区

可用区 1　　可用区 2

可用区：
服务器和网络设备，同时也包括电源设备在内，都在物理上分成不同的组合，分别设置在不同的区域中

图 2-20　从运用的角度讨论

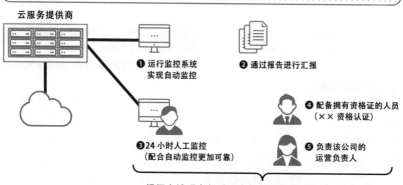

云服务提供商

❶ 运行监控系统实现自动监控

❷ 通过报告进行汇报

❹ 配备拥有资格证的人员（×× 资格认证）

❺ 负责该公司的运营负责人

❸ 24 小时人工监控（配合自动监控更加可靠）

根据上述观点与采用内部部署方式时的情况进行对比

知识点

🖉 需要对云服务提供的据点，即数据中心的实际情况进行最基本的确认。

🖉 与内部部署进行比较，选择优于内部部署的服务。

》利用云服务的注意事项——看不太见的地方

服务等级

云服务和数据中心的服务一样，大多数情况下可以提供服务等级保障，通常称其为SLA（Service Level Agreement，服务等级协议），如能够确保购买的虚拟服务器和存储设备具有99.99%的可用率等（图2-21）。结合这一保障，下面将确认在万一发生某些情况时，具体能得到什么样的支持。

根据这一基准值可以计算得出供应商能够提供多稳定的服务。99.99%的指标表示一年内允许停机一小时左右，而公司内部的系统要达到这一指标是极为困难的。

结合SLA一起需要确认的是**区分责任范围的方法**。例如，售出商品与系统可用时间成正比的网络销售商家的系统，一旦系统停机，停机有多久，销售额就会有相同比例的减少，但是无法从供应商获得相应的赔偿。此外，在确认停机原因时，调查是由云服务提供商、网络提供商，还是由公司内部造成的，以及可以采取什么应对措施都是非常重要的。

组成数据的信息

用户在系统中会处理各种各样的信息，但首先**需要从重要性和保密性的角度进行自我确认**。

因为即便是实施了较高的安全防范措施的系统，也是由人来操作的，所以并不能保证完全不出问题。此外，对于云服务的据点在海外的场合，**根据各国的法律法规**，在特定情况下也存在需要提供相关数据的可能性。因此，为了保护数据，需要仔细确认内容和相关法律法规（图2-22）。

也有一些金融机构非常重视这方面的保密性，也有些企业选择不使用云服务。

图2-21 表示服务等级的可用率（允许停机时间）

24 小时 / 天 × 365 天 = 8760 小时

8760 小时 × 0.99 ≈ 8672 小时（允许停机时间是 88 小时，约 3 天半）

8760 小时 × 0.999 ≈ 8751 小时（允许停机时间约 9 小时）

如果是 99.99%，即 0.9999（离线），则允许停机时间小于 1 小时。

- 表示系统的可用性的指标有可用率（允许停机时间）
- 要实际达到 99.99% 的可用率是非常困难的，要求提供商具有非常雄厚的技术实力
- 表示恢复时间的指标有 MTTR（平均恢复时间）

  虽然一般不会在云服务中公开具体的数据，但是各大供应商都采用了自己的评估标准来维持运营

$$\text{MTTR} = \frac{\text{合计恢复时间}}{\text{恢复次数}}$$

图2-22 云计算相关的法律法规（以美国为例）

云计算相关的法律法规指当发生涉及国家安全保障事件的情况时，政府可以强制性地要求运营商提供相关数据的法律。

	法 律
美国 （例）	● 美国自由法案 （USA Freedom Act） ● 美国 CLOUD 法案 （Clarifying Lawful Overseas Use of Data Act）

- 日本企业保存在美国本土的数据，在特定情况下也存在被合法查阅的可能性
- 政府部门在调查数据的过程中也可能扣押用于保存数据的服务器

知识点

🖉 在看不太见的地方，包括SLA和发生故障时的对策等问题。

🖉 需要对在云服务中穿行的数据的重要性进行确认。

» 云计算也在走向开源化

开源的云平台

开源软件（Open Source Software，OSS）已经渗透到IT应用场景的方方面面。开源软件以前大多以Linux作为典型的代表，它是以推进软件开发的发展和共享成果为目的，允许对公开的源代码再次使用和再次发行的软件的总称。

在云服务的世界中也有类似的发展。

云服务的开源软件包括OpenStack、Cloud Foundry、Apache CloudStack、Eucalyptus、Wakame等。第4章将对OpenStack和Cloud Foundry进行讲解，其中OpenStack最具代表性。

由于软件的基本信息是公开的，因此可以将其作为选择云服务提供商，或者讨论构建私有云的样板来参考。

从用户的角度来看，可以通过查看管理软件的图形界面设计和设置方法，以及实际的运行情况建立初步的印象（图2-23，详细内容请参考**4-17**节）。

通过IT资源管理，可以分别访问虚拟服务器、虚拟存储器和虚拟网络。虽然图2-23中展示的是简化后的OpenStack的软件架构，但绝大多数的云计算系统的基础软件是基于此架构的。

学习云计算的捷径

当前在全球的商用云服务的市场占有率中，亚马逊的AWS排名第一，微软的Azure紧随其后（图2-24）。

AWS和Azure不是开源软件，因此不会将所有的信息公开，但是市面上很多相关的专业书籍已经出版发行。

如果想要学习工程师层面的云服务，以**开源的OpenStack作为基础，一边对比AWS和Azure一边进行学习**是快速掌握云计算技术的捷径。

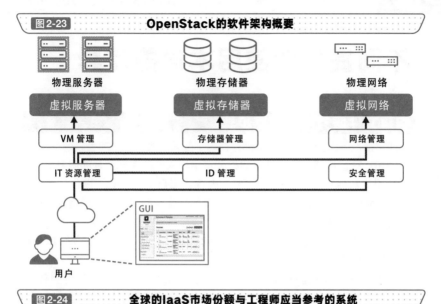

图 2-23　OpenStack的软件架构概要

物理服务器　　　　物理存储器　　　　物理网络

虚拟服务器　　　　虚拟存储器　　　　虚拟网络

VM 管理　　　　存储器管理　　　　网络管理

IT 资源管理　　　　ID 管理　　　　安全管理

GUI

用户

图 2-24　全球的IaaS市场份额与工程师应当参考的系统

美国高德纳公司公布的 2018 年 IaaS 市场份额

企业名称		销售额 /100 万美元	市场份额 /%
亚马逊	amazon	15495	47.8
微软	Microsoft	5038	15.5
阿里巴巴	Alibaba.com	2499	7.7
其他		9410	29.0

※2020 年 3 月 4 日版日本经济新闻

工程师应当参考的云计算服务

aws

亚马逊 AWS：
**商用市场占有率排名第一，
以其先进的技术引领整个市场**

Azure

微软 Azure：
**继 Windows 之后的
精心打造的服务**

Google Cloud

谷歌 GCP：
先进技术的领导者

OpenStack：
在开源解决方案中排名第一，
被绝大多数大型
IT 厂商采用

知识点

🖉 作为云服务基础软件的开源软件中排名第一的是 OpenStack。

🖉 想要成为云服务工程师的读者可以将 OpenStack 作为基础，对 AWS 和
Azure 进行比较将更加容易理解。

第

2

章

构建系统优先考虑云服务的时代

» 不同提供商使用术语的差异

构建文件服务器的标准步骤

通常情况下，企业或团体中都存在内部部署的服务器，或者以前存在过。

例如，在已经铺设了局域网的办公室中导入新的内部部署的服务器，就需要从用户数量和使用情况对CPU、内存和磁盘进行估算。操作系统可以选择Windows Server或Linux等，现在大部分企业购买的大多是将这些操作系统与服务器硬件捆绑销售的，确保没有兼容性问题的服务器。

分配了IP地址和设置好文件服务器的功能之后，相关人员就可以进行使用（图2-25）。

综上所述，无论是谁都可以按照这样的标准化步骤来构建文件服务器。如果是内部部署的服务器，可以使用通用的方法和步骤实现；但是如果使用云服务，就需要理解提供商的服务名称及其使用的专有名词。

在AWS中构建文件服务器的步骤

在AWS中构建文件服务器时，由亚马逊总结和说明的**Amazon EC2**、**Amazon EBS**等服务采用的是类似图2-26所示的文本。由图2-26可以看出，即使不清楚英文缩写指的是什么，也能大概知道它的意思，即建议在虚拟服务器中安装操作系统，在设置存储器的同时，安装用于备份的存储器。所以，必须要**理解亚马逊特有的专有名词**。

此外，在微软的Azure上安装文件服务器时，有**Azure Files**这一文件共享服务和将Azure的虚拟服务器作为文件服务器使用的选项，和亚马逊一样，也需要理解微软常用的专用术语。

图2-25 .... **内部部署构建文件服务器的步骤**

文件服务器的构建步骤

用户需求的确认

如用户数量、使用情况

估算配置

如 CPU、内存、磁盘容量

选择软件

如 Windows Server、Linux

设置工作

如 IP 地址、功能设置

IP

※不包括服务器的采购、安装到机架等物理性作业

功能设置示例

Windows Server 的文件服务器

Windows Server
+
（文件服务器）
（文件服务器资源管理器）

各项设置在文件服务器资源管理器中进行

Linux 的文件服务器

Linux OS
+
Samba

各项设置在 Samba 中进行

Linux（CentOS）中的 Samba 的安装界面

Windows Server 的服务器角色选择

图2-26 .... **在AWS中构建文件服务器的步骤**

用于文件服务器的云计算架构与估算示例（2020 年 7 月至今）

在 Amazon EC2 上安装 Linux 或者 Windows 操作系统，并结合存储服务 Amazon EBS（操作系统 / 数据区域）和 Amazon S3（备份区域），可以构建和运用包括安全策略、权限管理、认证等在内的，基于云计算环境的与内部部署环境类似的文件服务器

专有名词：

Amazon EC2：Amazon Elastic Compute Cloud
Amazon EBS：Amazon Elastic Block Storage
Amazon S3：Amazon Simple Storage Service

每家公司使用的都是自家的专有名词，开始需要稍微习惯一下，习惯后就会非常容易理解

知识点

✎ 不同的云服务提供商使用的术语有所不同。

✎ 需要习惯Amazon EC2、Amazon EBS等专有名词。

开始实践吧

将身边的系统云服务化：系统架构

下面以第1章的"开始实践吧"中列举的系统为例，以插图的形式绘制一个简单结构的系统，目的是明确区分在物理上需要放置到云端的部分和不放置到云端的部分，最好能设计两个不同的系统架构。

系统架构示例

❶ 文件服务器的系统架构

服务器
（Windows Server）

计算机 ×50（一个组织）

❷ 打印服务器的系统架构

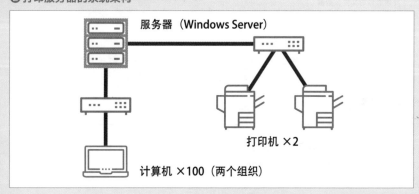

服务器（Windows Server）

打印机 ×2

计算机 ×100（两个组织）

云计算改变了什么——

从业务模式到成本

» 云计算改变了IT行业的世界

以前大型企业的系统构建与运用

内部运行着大量信息系统的大型企业从很早以前就开始布局云计算的研究和导入。在这些最前沿的动态中，最近几年的系统在构建方面也发生了翻天覆地的变化。

说到以前的大型企业的核心业务系统，公司内部的信息系统部门或信息系统子公司都是通过委托大型IT供应商（如富士通、IBM、NEC、日立、NTT数据等）提供技术支持的方式构建的，有的供应商同时提供服务器等硬件设备。其中，既有基于IT供应商的数据中心构建的系统，也有按照传统方式使用内部部署方式构建的系统。

由于系统正式启用之后，为确保其稳定运行，需要IT供应商提供相关的服务，因此提供服务的一家或多家IT供应商对企业系统的构建和运营具有非常大的影响力（图3-1）。

现在大型企业的动向

随着云服务的渗透和普及，以前的运用模式也发生了很大的改变。即便是在系统构建方面，大型IT供应商提供的服务也变成了主要以应用软件开发为中心。因为像服务器这类硬件可以从云服务提供商处购买，系统运用也可以通过云服务实现（图3-2）。

这一转变从几年前开始就表现得非常明显，从通信系统、Web及近年来的信息系统到骨干系统，在很多系统中都已经出现了这种现象。

也就是说，从用户企业的立场来看，**环境的变化已经使用户不得不认为构建系统的伙伴是IT供应商和云服务提供商，而系统运营的合作伙伴则是云服务提供商。**

接下来，随着这一趋势，看看云服务究竟带来了怎样的变化。

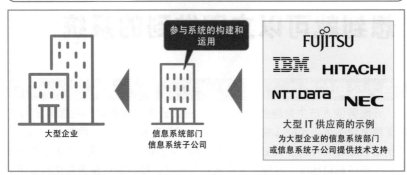

图3-1　以前的大型企业信息系统的伙伴

参与系统的构建和运用

FUJITSU

IBM　HITACHI

NTT DaTa　NEC

大型 IT 供应商的示例

为大型企业的信息系统部门
或信息系统子公司提供技术支持

大型企业　　信息系统部门
信息系统子公司

● 大型 IT 供应商不仅为大型企业提供系统运用服务，同时还一并提供系统开发、硬件和软件
的供应等全套服务

● IT 供应商对作为其用户的大型企业具有非常大的影响力

图3-2　因云服务而改变的大型企业信息系统的伙伴

作为系统基础部分的云服务
通过与云服务提供商签约获得

amazon

Microsoft

Google

云服务提供商

● 硬件供应
● 软件供应
● 系统运用

FUJITSU

IBM　HITACHI

NTT DaTa　NEC

大型 IT 供应商

● 系统开发
● 系统维护

大型企业　　信息系统部门
信息系统子公司

签订装到云端的
系统的开发合同

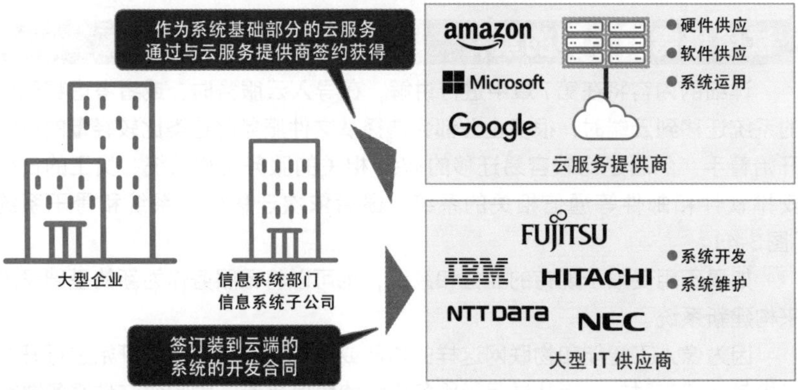

随着云计算的普及和云服务提供商的兴起，大型 IT 供应商的影响力被削弱
※ 有的大型 IT 供应商同时也是云服务提供商，这里仅给出象征性的示例

知识点

⫽ 在大型企业的系统构建中，提供技术支持的供应商的作用正在发生改变。

⫽ 这是一个作为用户的企业意识到无论什么系统都可以通过云服务实现的
时代。

65

» 想到就可以立即做到的系统

各大公司的态度

　　云服务使人产生兴趣的地方在于，三大云服务提供商特别提供了12个月**免费使用**的试用服务（编辑注，很多云服务商都提供了试用服务，但是时间长短可能略有不同，此处的12个月是日本的情况）。在图3-3所示的画面中输入电子邮箱地址、密码、账户名称等信息，即可进行注册并免费使用。

　　它的用意是建立一种首先通过个人使用，如果感觉使用方便且有效，则进一步推动企业或团体签订合同的模式。

　　有些提供商提供的是专门面向企业的服务。

　　当然，无论是哪一种形式，都提供了一段时间的免费服务。

试用也需要必要的素材

　　详细的内容将在第7章中进行讲解，在导入云服务时，或者考虑将现有的系统迁移到云端时，很多企业都会选择从文件服务器这类比较轻量的系统开始着手，然后是比较容易迁移的Web相关的服务器和系统、员工的日程安排软件和邮件等通信相关的系统，最后依次迁移信息系统和骨干系统（图3-4）。

　　如果不用受限于现有的业务和系统，也可以将云服务作为新的基础设施来构建新系统。

　　因为像人工智能和物联网这样的功能或系统，自己要从零开始进行开发是极其耗费工时的。而从试用云服务系统的角度来看，大家对文件服务器等系统的功能比较了解，因此建议企业或团体也从**比较小规模的系统**开始尝试。

　　读者可以一边确认能够按照怎样的步骤构建系统，一边开展工作。

图 3-3　**AWS和GCP的免费使用画面示例（2020年7月至今）**

AWS 创建账号界面

GCP 创建账号界面

使用电子邮箱注册大型云服务提供商的平台账户
可获得 12 个月免费的云计算服务

图 3-4　**转移从轻量到重量的系统**

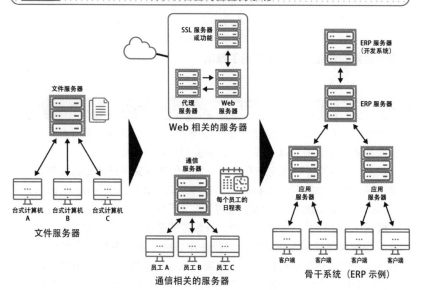

知识点

✎ 为了让用户想到就能马上用到，有些云服务提供商提供了免费试用的
　服务。

✎ 应当从可以试用的小规模系统开始考虑。

第 **3** 章

云计算改变了什么

》 **云服务的使用动态**

日本总务省发布的《信息与通信白皮书》

日本总务省每年都会在《信息与通信白皮书》中提供ICT服务的使用动态和相关数据。

在2019年发布的新一版白皮书的第二部分中就有企业云服务的使用动态，在其中显示了企业云服务的使用状况。

如图3-5所示，包括全公司都在使用、一部分部门使用在内，云服务的使用**每年都呈现增长趋势**，可以看到有将近六成的企业正在使用云计算服务。

此外，有关云计算服务效果的调查中，"非常有效果"占28.9％，"有一定程度的效果"占54.3％，实际感受到有效果的企业共占83.2％，即**作为调查对象的企业大多数感受到了效果**。

企业云服务的使用情况明细

接下来介绍在实际中企业都在什么场景中使用云服务，图3-6列举了云计算服务的使用明细，其中展示了企业使用服务的具体内容。

从图3-6中的使用状况来看，排在第一位的是**文件存储和数据共享**，接着是电子邮件，排在后面的有计费、支付系统及认证系统等BaaS服务。通过图3-6可以真实地感受到XaaS世界的实现已经近在咫尺。

根据笔者多年的工作经验，导入云服务的企业一般是从文件服务器和打印服务器这类简单的系统开始，之后使用Web、通信系统、信息系统、骨干系统，即慢慢地从小规模、中规模到大规模的使用。从图3-6中的调查结果也可以看到，企业也的确是按文件存储和数据共享、电子邮件、日程表这样的过程一步步推进使用的。

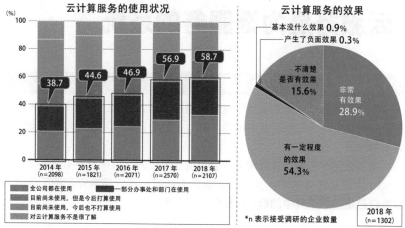

图3-5　云计算服务的使用状况

云计算服务的使用状况

（%）
- 全公司都在使用
- 一部分办事处和部门在使用
- 目前尚未使用，但是今后打算使用
- 目前尚未使用，今后也不打算使用
- 对云计算服务不是很了解

2014 年（n=2098）：38.7
2015 年（n=1821）：44.6
2016 年（n=2071）：46.9
2017 年（n=2570）：56.9
2018 年（n=2107）：58.7

云计算服务的效果

- 基本没什么效果 0.9%
- 产生了负面效果 0.3%
- 不清楚是否有效果 15.6%
- 非常有效果 28.9%
- 有一定程度的效果 54.3%

2018 年（n=1302）

*n 表示接受调研的企业数量

引自：日本总务省2019年版《信息与通信白皮书的关键点：企业中云服务的使用动向》

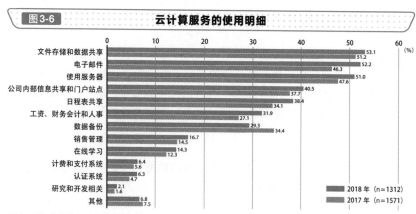

图3-6　云计算服务的使用明细

	2018 年（n=1312）	2017 年（n=1571）
文件存储和数据共享	53.1	51.2
电子邮件	52.2	46.3
使用服务器	51.0	47.6
公司内部信息共享和门户站点	40.5	37.7
日程表共享	38.4	34.1
工资、财务会计和人事	31.9	27.1
数据备份	29.3	34.4
销售管理	16.7	14.5
在线学习	14.3	12.3
计费和支付系统	6.4	5.6
认证系统	6.3	4.7
研究和开发相关	2.1	1.6
其他	6.8	7.5

引自：日本总务省2019年版《信息与通信白皮书的关键点：企业中云服务的使用动向》

知识点

✎ 日本总务省的《信息与通信白皮书》的统计显示，云服务的使用正在逐年增加。

✎ 超过八成的企业已经实际感受到使用云服务的效果，而且基本是从文件存储等简单的系统开始导入云服务的。

» 云服务是为谁服务的系统

不同的人才有不同的需求

　　使用云服务可以提高从事信息系统相关工作人员的工作效率。另外，由于云服务具有与内部部署截然不同的潜力，因此可以孕育出更多更具创造性的新的想法。

　　接下来通过图表确认云服务可以为运营负责人、系统开发者和终端用户（图3-7）带来怎样的变化及具有哪些优势。读者可以结合自己的工作内容**设想自己更接近于其中的哪一种角色**（图3-8）。

- ●运营负责人
　　由于服务器和网络设备设置在云服务提供商的数据中心内，因此根据具体情况，可以将自己从繁重的故障排除和维护工作中解放出来。IaaS是偏重硬件的服务，使用PaaS、SaaS服务也能极大地减轻工作压力。

- ●系统开发者
　　PaaS服务中包括开发环境的提供。以前需要计划和讨论开发系统及生产系统使用什么样的规模、在什么时期购买等问题，而现在可以通过云服务选择最佳的系统和规模。此外，提供最新的开发环境这一点也是十分吸引人的。

- ●终端用户
　　使用SaaS服务可以确切地提升系统的潜力，如实现移动终端的连接和应对突发情况的多区域化容错等。

服务的种类取决于服务的对象

　　本节从为谁服务这一角度对相关内容进行了讲解，如果将系统转向云端或导入新的云服务系统时可以明确是为谁提供的服务，那么在选择服务时就可以更加清晰准确。

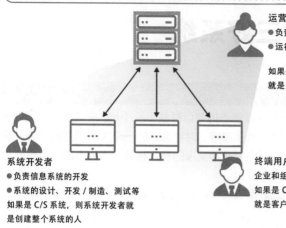

图3-7 　运营负责人、系统开发者和终端用户的关系

运营负责人
● 负责信息系统的运营
● 运行监控、系统维护、故障排除等

如果是 C/S 系统，则运营负责人
就是负责看管系统正常工作的人

系统开发者
● 负责信息系统的开发
● 系统的设计、开发 / 制造、测试等
如果是 C/S 系统，则系统开发者就
是创建整个系统的人

终端用户
企业和组织提供的系统的使用者
如果是 C/S 系统，则终端用户
就是客户端当中的1台终端

图3-8 　云服务为运营负责人、系统开发者和终端用户带来的好处

运营负责人需要关注的部分≈IaaS

好处：从运维的烦琐工作中解放出来

硬件 服务器和网络设备	软件 操作系统： Windows Server、 Linux 等	软件 为应用程序的运行提供 支持的中间件	软件 业务系统等 应用软件
		软件 应用程序的 开发环境	

系统开发者需要关注
的部分≈PaaS
好处：生产环境和开发环境的构建

终端用户需要
关注的部分≈SaaS
好处：更进一步的便利

知识点

✐ 虽然不同的人员对云服务的需求不同，但是从具体的角色划分会更容易
理解。

✐ 对于开发者而言，PaaS 是一种不可多得的存在。

» 云服务是三好系统

什么是三好

擅长经商的近江商人的经营心得可以总结为一个词——三好。如图3-9所示，三好表示对卖家好、对买家好、对社会好的一个大家都好的状态，意思是在商业活动中不能只考虑卖家和买家的商业利益，同时也应当考虑到如何能同时做到对社会有所贡献。

而云服务正是**实现三好系统**的榜样，下面来看实际示例（图3-10）。

- 例1：迁移Web服务器

  - 客户企业：从系统的增强和运营工作中解放出来。
  - 云服务提供商：提供Web服务，月销售额收入从20万日元增加到50万日元。
  - 终端用户（客户企业的员工）：毫无压力地浏览网页。
- 例2：依次迁移系统
  - 客户企业：依次迁移文件服务器、中规模业务系统和Web。
  - 云服务提供商：第一年的月销售额从30万日元增加到130万日元。
  - 客户企业的员工：系统性能的提升带来毫无压力地浏览网页、支持移动设备连接等便利的功能。

由此可以看出，云服务真正做到了三好。

终端用户的角度

虽然在导入云服务时一般是以信息系统部门或经营管理层为中心来讨论和推行的，但是如果将三好理念也纳入考量，则如何为终端用户和员工等社会成员提供更大的价值也是非常重要的。

为社会好，在技术方面主要体现在**通信手段**相关的便利性和性能的提升。

图3-9　　　　　　　　　**近江商人概要**

- 日本近江商人做生意时考虑的不仅是作为卖家的自身和作为买家的用户的利益，同时还将对大家（社会）的贡献作为商业考量之一
- 日本很多有名的企业将三好理念作为企业的座右铭和信条

图3-10　　　　　**客户企业、云服务提供商和社会三好示例**

客户企业：从系统的增强和运营工作中解放出来，依次向云服务转移

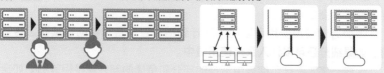

云服务提供商：销售额年年递增

社会及终端用户：毫无压力地浏览网页、支持移动设备连接等便利的功能

知识点

- 云服务是一种实现卖家好、买家好、社会好的三好系统。
- 对用户而言，使用云服务带来的好处是通信方式的多样化和便利性的提升。

» 对经营和财务报表的影响

在财务报表中的定位

如果公司内部拥有服务器和网络设备等硬件，就需要将这些设备计入财务报表的资产负债表（Balance Sheet，B/S）中左侧固定资产的有形固定资产中；而软件则作为无形固定资产计入（图3-11）。

要将它们作为资产统计，就需要掌握这些资产的数量和货币价值。如果企业拥有大量IT设备，则不仅需要掌握其数量，还需要对折旧的问题进行评估，因此会增加相应的管理成本。

为了削减这方面的成本，很多企业和组织会选择租借的形式将这类费用计入损益表（P/L）的销售管理费用（损益表的销售费及一般管理费）中的租金部分（图3-11）。

云服务的使用费也可以同样统计到销售管理费用中的**手续费、转账费用，如果细分还可以计入系统使用费中**。

这样一来，资产负债表中资产的部分和负债的部分就是相等的。如果拥有大量IT设备，则整体的规模也将变大，这在提倡管理效率和轻量化的当今时代是不太可取的做法。

计入使用费的好处

如果云服务的使用费可以统计到使用费和手续费中，则不仅可以实现轻量化，也可以实现利润结构的可视化。这样就可以从销售了多少和获得了多少利润的结果中，通过数字明确地看到使用云服务带来的效果（图3-12）。

从管理的角度考虑，很多企业偏向于不拥有设备，而是采用租借或使用云服务的方式。

由于使用云服务可以提升管理效率，实现利润结构可视化，因此在企业管理层面也发挥着重要的积极作用。

图 3-11　在财务报表中的定位

资产负债表
(Balance Sheet, B/S)

资产负债表

×× 株式会社
第 22 期

流动资产

固定资产

投资等

流动负债

资本部分

硬件按有形固定资产统计，软件按无形固定资产统计并进一步细分

损益表
(P/L)

损益表

×× 株式会社
第 22 期

销售额
销售成本
销售管理
费用

营业收入

如果是租借形式，则可以按照销售管理费用中的租金进行记账

云服务的使用费可以作为手续费、转账费用、系统使用费进行记账

图 3-12　在销售和成本中的定位

使用云服务前的销售、利润
和成本的结构

导入系统的年度与下一年度之后的金额可能有出入，因此不容易把握其对销售额和利润的影响

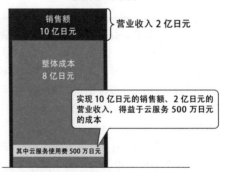

使用云服务后的销售、利润
和成本的结构

销售额
10 亿日元

整体成本
8 亿日元

营业收入 2 亿日元

实现 10 亿日元的销售额、2 亿日元的营业收入，得益于云服务 500 万日元的成本

其中云服务使用费 500 万日元

如果系统可以大部分实现云计算化，则可以比较容易地把握其对销售额和利润的影响

知识点

- 使用云服务与采用在公司内部设置信息系统的方式相比，可以有效提高管理效率和实现轻量化。
- 云服务的使用费可以作为手续费和系统使用费计入财务报表。

» 不再需要进行资产管理

IT资产管理

　　IT资产在企业或组织中是作为资产进行管理的。在管理过程中，不仅需要确保固定资产这类会计记账能够正确合规地执行，也需要**在防止违反软件许可协议等合规性和员工非法运用IT资产等内部管理方面加强管理**（图3-13）。

　　此外，由于存在IT资产，因此也需要**强化安全方面**的管理，但与此同时会增加与之相关的工作量。

　　基本上，为了对实物进行管理，需要为每台IT设备分配唯一的资产管理编号。

　　大多数企业和组织对IT资产的管理是使用系统自动进行的，不过也会根据需要在特殊时期由负责人亲自进行确认。

PC资产管理示例

　　以计算机为例，企业不仅会分配编号（资产号）对计算机进行管理，也会通过计算机名、用户ID、IP地址、MAC地址、安装的软件和版本等信息进行管理。这些管理是由**资产管理系统和服务器**负责的。这对于允许员工自由使用软件和存储介质的企业或组织来说，管理工作将变得更加困难（图3-14）

　　对于服务器来说，在这方面也是一样的。

　　假设有100台服务器，其中保存了类似上述的数据，如果每次进行变更都需要进行维护，则100台服务器的管理会相当烦琐。

　　但是，如果**使用云服务，就不需要进行这些管理**。如果将客户端计算机也通过云计算虚拟化，可以统一进行管理，那么工作将会非常轻松。即使只是在资产管理方面，云服务也是完胜的。

图3-13 ⋯⋯⋯⋯⋯⋯⋯ **IT资产管理的目的**

IT 资产管理的目的

目的 1

合规性 / 内部管理的强化
- 防止软件使用中出现违反软件许可协议的行为
- 确保固定资产合规的会计记账
- 防止 IT 资产的非法运用

系统示例：资产管理系统
在服务器和客户端中安装专用的软件
并创建资产管理台账

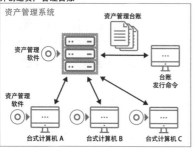

目的 2

安全性的强化
- 防止包含系统漏洞的硬件和软件被非法利用
- 防止公司内部违反安全策略

系统示例：反病毒系统
将服务器连接到反病毒软件公司的服务器上，
并下载和更新到最新版本的程序

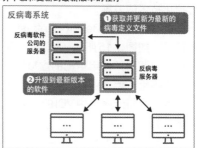

第 **3** 章 云计算改变了什么

图3-14 ⋯⋯⋯⋯⋯⋯⋯ **资产管理示例**

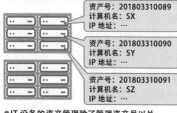

- IT 设备的资产管理除了管理资产号以外，还要管理计算机名等项目
- 随着资产的增加，管理也变得复杂

知识点

- 在IT资产管理中，不仅需要确保正确地进行会计记账，也需要满足合规性和安全性的要求，因此管理工作非常烦琐。
- 对计算机和服务器也需要管理软件和其他信息，如果使用云服务，就可以从这些工作中解放出来。

》 实际业务中发生的变化

客户端的虚拟化

云服务提供了灵活丰富的通信方式，企业客户只需要购买服务即可投入使用，而且**员工还可以从移动终端进行连接**。这类便利功能的实现也归功于虚拟化技术的发展。

VDI（Virtual Desktop Infrastructure，**虚拟桌面**）就是其中具有代表性的例子。如图3-15所示，VDI是在服务器中生成的虚拟的客户端设备，每个用户可以调用并使用自己的虚拟设备。虽然有些人需要使用大容量存储，而有些人不用，但他们都可以灵活地使用虚拟化设备。

也可以将云服务中VDI的服务称为DaaS（Desktop as a Service，桌面即服务）。

当然，不仅需要在服务器端安装虚拟桌面的软件，在客户端也同样需要安装。

远程访问的实现

如果是虚拟桌面环境，那么不仅可以从公司内部的计算机进行访问，而且在公司外部使用其他的终端进行访问时，也能调用自己的虚拟设备，即无论何时何地都可以使用自己的设备。正因为有了这样的基础环境，远程办公才得以实现，同时也推动了**工作方式革命**的发展。当然，需要针对外部连接采取安全防范措施，不过这方面措施由服务提供商提供，因此用户可以放心使用。

笔者也享受着如图3-16所示的VDI的服务环境带来的便利，因为不仅可以在公司里使用，出差或在家都可以随时随地使用，所以工作起来十分惬意和自由。

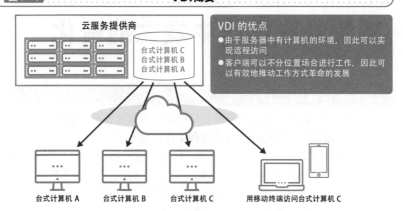

图3-15 · **VDI概要**

云服务提供商

台式计算机 C
台式计算机 B
台式计算机 A

VDI 的优点
● 由于服务器中有计算机的环境，因此可以实现远程访问
● 客户端可以不分位置场合进行工作，因此可以有效地推动工作方式革命的发展

台式计算机 A   台式计算机 B   台式计算机 C   用移动终端访问台式计算机 C

VDI 是允许从物理的计算机中显示和调用放置在服务器中的虚拟化计算机的功能

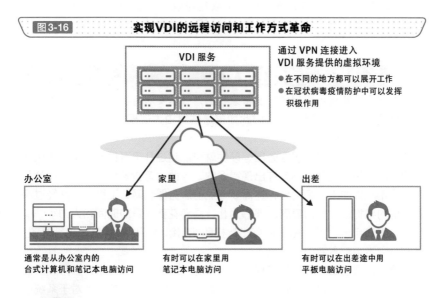

图3-16 · · · · · · · · · · · **实现VDI的远程访问和工作方式革命**

VDI 服务

**通过 VPN 连接进入
VDI 服务提供的虚拟环境**
● 在不同的地方都可以展开工作
● 在冠状病毒疫情防护中可以发挥积极作用

办公室   家里   出差

通常是从办公室内的
台式计算机和笔记本电脑访问

有时可以在家里用
笔记本电脑访问

有时可以在出差途中用
平板电脑访问

知识点

🖉 云服务中包含客户端的虚拟化功能。

🖉 客户端的虚拟化使得远程办公得以实现，同时也推动了工作方式革命的发展。

》系统关联操作中发生的变化

云计算节省的工作流程

如果使用云服务，则公司不需要自行购买服务器设备。既然不需要购买设备，那么**设备的安装和安装后的设置工作**也就不需要了。

如果是内部部署的场合，就需要：❶ 设计服务器和存储器等设备的架构；❷ 导入设置；❸ 构建安装环境；❹ 安装应用程序（图3-17）。

如果使用云服务，就可以省略步骤❷和❸，其中步骤❸既辛苦又费工时。省略这些工作带来的改变是巨大的。

此外，步骤❶也无须从零开始进行估算和设计，而是成了一个选择题，而且即使在架构或估算方面出现了错误也可以马上进行修改，因此非常方便。仅是允许犯错这一项就已经是一件了不起的事情。

精通云计算的人才供不应求

如果企业和组织采用内部部署系统的方式购买服务器等设备，则每台设备大概需要花费100万日元，因此如果是估算由大规模服务器构成的系统，则不允许出现错误。

根据系统的规模，仅服务器等硬件就可能超过几千万日元甚至是1亿日元的情况，理所当然是不允许出现错误的。因此，有些系统除了需要设计和开发应用软件的工程师之外，还需要专业的服务器和网络工程师，从经过深思熟虑的架构设计和估算到步骤❹为止，需要花费大量的时间和人力。

如果使用云服务，由于估算和架构即使出错也可以很容易地进行修改，因此可以不用配置专门的负责人。

另外，目前云服务呈现多样化发展趋势，而那些熟悉各家云服务提供商的服务，或者具有可以比较各类服务的能力的人才供不应求。相对于系统集成商，这类人才或公司称为**云服务集成商**（图3-18）。

系统关联操作中云计算的优势

内部部署的系统中服务器端需要完成的准备工作

① 设计架构 → ② 导入设置 → ③ 构建安装环境 → ④ 安装应用程序

使用云服务时用户和企业需要完成的准备工作

设计架构 → 对于 ② 中的设备采购和设置步骤，如果设备较多，工作量会非常大 → 对于 ③ 中的设备设置和软件的统一设置管理，即使是资深工程师，也要费很大力气 → 安装应用程序

———— 这些麻烦的工作都可以省略

 系统集成商与云服务集成商

内部部署的开发体制

应用软件开发工程师

专业的服务器工程师　　专业的网络工程师

- 服务器和网络工程师对各大公司的产品比较熟悉
- 专业从事复杂系统构建的人和企业称为系统集成商

使用云服务的开发体制

应用软件开发工程师

不需要配备专业的服务器和网络工程师，让应用软件开发工程师兼任即可

- 云计算工程师需要对各大公司的云服务有非常深入的理解
- 专业从事各类云计算服务系统开发的人和企业称为云服务集成商

 知识点

✎ 使用云服务可以省略设置硬件和构建环境这类费时、费力的工作。

✎ 熟悉各类云计算服务的云服务集成商供不应求。

» 大大简化的系统学习

以前的系统学习

3-9节中讲解了在以使用云服务为主的企业和组织中，即使不配备熟悉服务器和网络设备的专业工程师也不会有影响。

从事传统的系统开发工作的工程师是从上机操作开始，通过书本和网络进行自学，从设备和软件制造商处获取信息，通过实际的工作经验和各种学习方式积累了专业知识（图3-19）。服务器和网络等每个系统都是很深奥的，工程师们虽然都有自己最擅长的领域，但是同时也对周边的技术进行了广泛的学习。

还有很多工程师具有可以证明他们在特定设备或软件产品方面的专业知识和资格的**资格认证**，他们以上机操作和实际工作为中心，积累相关经验和知识。

云时代的系统学习

如果使用云服务，相关设备所必须配备的软件都已经安装好，可以直接使用，因此即使不熟悉服务器和网络设备的知识也没有问题。由于云服务中安装了主要的IT设备和软件，因此将它们整体当作"云"这一台**大的设备来理解即可**。

但是，如**2-13**节中讲解的，如果将来想要成为云计算工程师，就需要深入理解每个云服务提供商提供的服务和术语。另外，针对每个服务都有相应的资格认证体系。

图3-20总结了传统的和云时代的云计算学习方法。如果将云原生这样的思维方式作为基础，则可以在互联网中完成的学习方式是最佳选择，即将学习时间降低到最少是正确的做法。

图 3-19 传统系统的学习

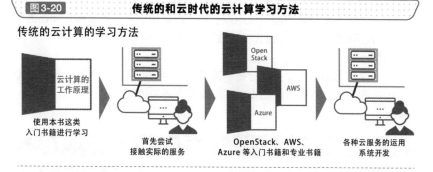

通过书本学习

从制造商处获取信息

上机操作

在网上学习

系统开发的实际工作经验

××
资格认证

各种设备和
软件的资格认证

通过上述学习方式对各种服务器、网络、设备及软件的相关知识进行积累和学习

图 3-20 传统的和云时代的云计算学习方法

传统的云计算的学习方法

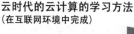

使用本书这类
入门书籍进行学习

首先尝试
接触实际的服务

OpenStack、AWS、
Azure 等入门书籍和专业书籍

各种云服务的运用
系统开发

云时代的云计算的学习方法
（在互联网环境中完成）

在网上进行学习
（同时也下载书籍）

通过反复的试错在网上查找
云服务运用和系统开发中不
明白的问题的答案

知识点

🖉 以前需要针对每个设备和软件进行学习，而云计算只需要理解所提供的环境即可。

🖉 云时代重要的是先采取行动，在实际的接触和开发过程中，当遇到不明白的问题时上网查找并学习即可。

》云服务的费用

收费方式

云服务中，按使用量收取相应费用的按量付费是最具代表性的收费方式，当然也有其他计费方式。图 3-21 中列举了三种主要的收费方式。

- 按量付费

    按服务器的使用量或使用时间计算费用。计费时以秒为单位或是以分为单位，根据云服务提供商的服务会有所不同。

- 包月制

    计算一定时间的固定使用费。由于数据中心的服务器和存储器的租借都使用这种方式，因此该种方式一直沿用至今。

- 竞价

    由亚马逊等极少一部分提供商开始提供的服务，将未被使用的虚拟服务器以竞价方式进行拍卖，并以低于市场的价格使用。

按用途决定付费方式

虽然有以按量付费为主的三种付费方式，但是与其任意地进行选择，不如**根据想要如何使用**来作决定。

例如，网上有临时促销优惠活动，或者有时需要进行大量的数据分析，这种情况下使用按量收费是比较合适的；而如果平时需要稳定使用业务系统，那么使用包月制事先做好预算更有利于企业的经营管理（图 3-22）。但是，这种想法可能已经过时。因为既然都已经出现了竞价的收费方式，那么想必今后会有更多廉价的可以在零碎时间段内限定使用的等新用法出现。

图 3-21 按量付费、包月制和竞价

按量付费

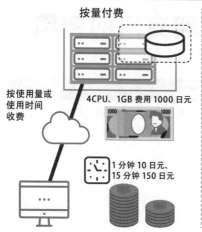

按使用量或使用时间收费

4CPU、1GB 费用 1000 日元

1 分钟 10 日元、15 分钟 150 日元

包月制

每月 10000 日元
（放心、稳定地使用）

竞价

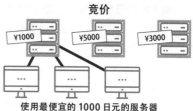

¥1000　¥5000　¥3000

使用最便宜的 1000 日元的服务器
（硬件配置较低，但是很划算）

图 3-22 按用途决定付费方式示例

网上的临时促销优惠活动

如果是短期使用，则采用按使用量计费方式更划算

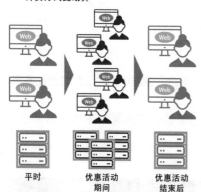

平时　优惠活动期间　优惠活动结束后立即恢复到平时的水平

每月进行 1 ~ 2 次大量的数据分析

如果使用频率较低，则采用按使用量计费方式更划算

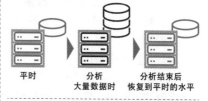

平时　分析大量数据时　分析结束后恢复到平时的水平

稳定使用的业务系统（包月制）

总公司的员工　分店的员工

知识点

✎ 云服务的收费方式主要包括按量付费、包月制和竞价。

✎ 通常的做法是根据用途来决定采用哪种付费方式。

» 云计算中需要长期支出的费用

整体成本下降

第1章中已经讲解过，如果使用云服务，则IT设备和相关设备由云服务提供商提供，不需要公司自己保有。这样一来，就可以从**总体成本**中削减下列费用（图3-23）。

- 运营人工成本

  运营工作由云服务提供商负责，因此不会产生运营工作相关的人工成本。
- IT设备费用

  由于不需要配备硬件，因此不会产生安装到设备中的软件费用。
- 电费

  不会产生IT设备和空调设备的电费。
- 场地费用

  由于使用云服务的数据中心中设置的设备，因此不需要使用场地。特别地如果使用租借的建筑物或场地，则其降低成本的效果将非常理想。
- 设备维护管理费用

  由于公司不需要保有设备，因此不会产生维护相关设备的管理费用。
- 设备改进费用、强化抗灾措施费用

  设备改进及近年来大力呼吁的地震和洪水等各种抗灾措施也不需要。

系统开发人员的调任

如果是自己进行系统开发的企业或组织，则可以如图3-24所示那样，将相关系统的SE（系统工程师）和程序员调任到新系统的开发工作中；或者不仅可以考虑削减运营人工成本，甚至还可以重新评估开发系统所需的人员。

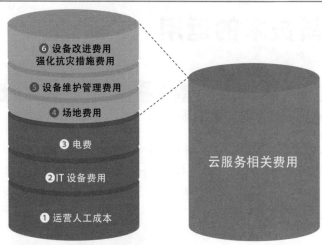

图3-23　公司的运营成本和长期使用云服务的成本

❻ 设备改进费用
强化抗灾措施费用

❺ 设备维护管理费用

❹ 场地费用

❸ 电费

❷IT 设备费用

❶ 运营人工成本

云服务相关费用

相关成本费用通常符合下列公式

❶＋❷＋❸＜云服务相关费用＜❶＋❷＋❸＋❹＋❺＋❻

图3-24　实现系统开发人员的调任

开发者调任到其他系统的开发工作中
（从内部部署系统转向新的系统）

项目经理

系统工程师

程序员

新的系统

系统企划会议

知识点

✎ 从长远的角度来看，使用云服务可以削减成本，甚至还可以重新评估人力资源。

>> 最新技术的运用

大数据分析

云服务的特点是可以使用最新的技术，包括大数据、人工智能、物联网等，都可以作为服务供用户使用。

大数据是指具有TB级以上的大容量、结构化数据和非结构化的会随着时间逐渐增加的数据，可以使用 **Hadoop** 和 Apache Spark 进行数据分析。Hadoop概要如图3-25所示。如果自己构建环境，则需要花费几周时间，而且需要自己编写实现计算逻辑的代码；但如果购买云服务，则只需将目标数据保存到特定的场所即可进行分析。

人工智能与物联网

在人工智能中，**机器学习**（Machine Learning）可以利用各公司的研究和实践成果。如图3-26所示，机器学习可以在各公司提供的定义画面中显示模型和程序逻辑，并将保存在CSV文件中的机器学习数据上传并处理。

与自己使用Python和C++ 等编程语言或者是使用TensorFlow等支持人工智能开发的工具独自构建人工智能系统相比，使用云服务可以在极短的时间内实现这些功能。

此外，最近作为物联网的平台，云服务还增加了将物联网设备上传的数据进行保管和分析的服务。

由于物联网设备收集各种类型的数据并在服务器端进行分析，因此云服务中也已经提供了符合这种类型的系统。

综上所述，云服务可以让我们更加容易地使用最新的技术，且**由于使用的是模板，因此可以极大地节省时间和精力**。

图3-25　Hadoop概要

Hadoop 的特点

大数据多是由集成化 PC 服务器来处理

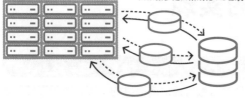

Hadoop 具有将文件分散到各个服务器上进行处理（实线箭头）和将处理完毕的数据重新合并为一个数据（虚线箭头）等功能

可以将 Hadoop 用橘子农户的效率化生产来形容：

今年收获的橘子原本由母亲一个人进行 S、M、L 和残次品的挑选分类工作，现分给
Hadoop "三姐妹"并行地进行分类挑选

将原本一个人处理的 S、M、L、残次品的挑选分类工作分给
三个人并行处理，速度会更快

由将橘子分类存放的 HDFS（Hadoop Distributed File System，Hadoop 分布式文件系统）和负责挑选统计的 MapReduce 构成

- Hadoop 的继任候补有 Apache Spark 等软件
- Hadoop 中的数据的输入 / 输出主要在硬盘中进行；而 Apache Spark 则同时支持在硬盘和内存中保存数据，因此可以实现更高效的输入 / 输出处理

图3-26　在云中使用机器学习示例

云

❶

❷

CSV 文件

云计算服务采用如下方式使用人工智能技术：
❶ 使用模板对模型和程序逻辑进行定义
❷ 将 CSV 文件上传到服务器后执行

知识点

📎 由于云端已经构建好了大数据环境，因此用户可以立即开始使用。

📎 虽然每个提供商提供的人工智能和物联网服务有所不同，但是由于已经实现了模板化，因此效率比自己构建系统要高得多。

» 虚拟办公室的实现

租箱子与租房子

到目前为止，可能大家会认为云服务提供商提供的是服务器和存储器等设备的使用（IaaS）、包含开发环境的服务（PaaS），或者提供应用软件的使用（SaaS）等与IT设备相关联的服务，这也的确提供了使用服务器这样的"箱子"或"箱子"里面的东西的服务，但是其也有可以将收集了很多箱子的整个"房间"一并出租的服务。这是一种**将私有云在公有云上实现的服务**，称为**VPC**（Virtual Private Cloud，虚拟私有云）（图3-27）。

自己公司的数据中心是物理存在的房间，而通过VPC实现的私有云的数据中心则是虚拟的房间。像金融机构专门用于互联网交易的店铺和名为××银行的在线服务窗口（分行）的网站那样，其相当于在网上开设的房间。

与虚拟网络的连接

我们平常使用的VPC在云服务提供商的数据中心内部构建的虚拟网络，以及自己公司的网络都是使用VPN（Virtual Private Network，虚拟专用网络）或专线（参考**5-2**节）连接的。VPC中的虚拟服务器和网络设备允许分配私有IP地址，因此**可以像指定服务器的IP地址访问自己公司的不同据点那样进行连接**（图3-28）。

虽然具备VPN功能的网络设备是作为网关使用进行加密通信的，但是这类通信方式的设置步骤和方法会因云服务提供商的不同而有所差异。

如果想要构建私有云，想先使用小规模的或者比较简单的系统，则可以从VPC开始尝试。

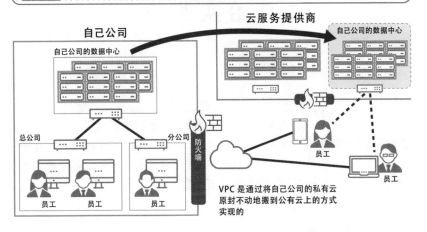

图3-27　　实现VPC

云服务提供商

自己公司

自己公司的数据中心

自己公司的数据中心

总公司　　　　　　分公司

员工　　员工　　　员工

防火墙

VPC 是通过将自己公司的私有云
原封不动地搬到公有云上的方式
实现的

员工

员工

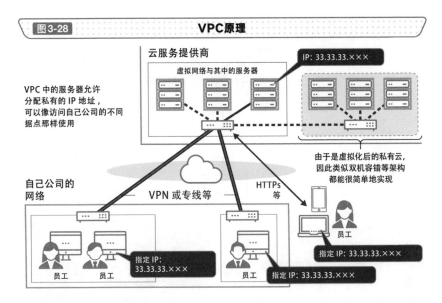

图3-28　　VPC原理

云服务提供商

IP: 33.33.33.×××

虚拟网络与其中的服务器

VPC 中的服务器允许
分配私有的 IP 地址，
可以像访问自己公司的不同
据点那样使用

由于是虚拟化后的私有云，
因此类似双机容错等架构
都能很简单地实现

自己公司的
网络

VPN 或专线等

HTTPs
等

员工

指定 IP:
33.33.33.×××

员工　　员工

员工

指定 IP: 33.33.33.×××

指定 IP: 33.33.33.×××

知识点

🖉使用VPC可以在公有云上构建私有云。

🖉访问VPC可以像访问自己公司内部不同据点的服务器那样进行连接。

第

3

章

云计算改变了什么

91

开始实践吧

将身边的系统云服务化：优点与问题

到第3章为止，我们通过插图对系统的架构进行了讲解。既然已经通过插图明确了可以放到云端的物理部分，那么接下来将对其中存在的优点与问题进行讨论，从服务器、网络、计算机等物理构成元素来考虑可能会比较容易理解。下面通过插图和简单的项目进行整理。

文件服务器示例

系统架构

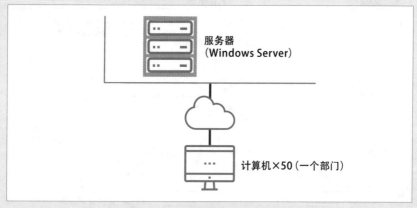

优点与问题等

构成元素	是否云服务化	优点 / 问题
服务器	是	应该可以顺利实现
网络	是	需要VPN等
计算机	直接内部部署	是否可以沿用以前的运用方式
从插图中发现	只需将网络设备转变成云	

打印服务器示例

系统架构

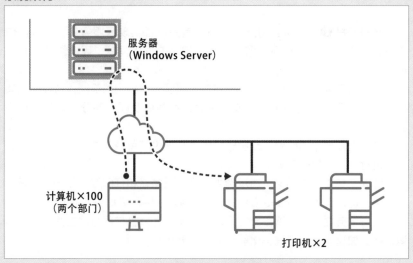

服务器
（Windows Server）

计算机×100
（两个部门）

打印机×2

优点与问题等

构成元素	是否云服务化	优点／问题
服务器	是	应该可以顺利实现
网络	是	需要VPN等
计算机	直接内部部署	是否可以沿用以前的运用方式
打印机	直接内部部署	是否可以沿用以前的运用方式
从插图中发现	与内部部署相比，打印数据是从外部网络传递到内部网络的，因此需要确认是否能响应

  在打印服务器示例中，印刷数据是像插图中的箭头那样的流程传递的，因此需要尝试是否可以通过传统的方式实现。

  此外，在这种应用场景下，还需要针对下列几点内容进行讨论：❶在通过公司内部计算机到公司外部打印服务器的连接中传递打印数据后，通过在公司外部打印服务器到公司内部打印机的连接中进行打印。没有效率上的提升，是否可以接受？❷像公司外部打印服务器与公司内部打印机进行连接那样，是公司外部与公司内部之间的通信，安全方面是否允许这样的连接方式？

针对问题❶，如果公司方针是将所有系统都实现云服务化，则只需依照方针行事即可；针对问题❷，由于是安全方面的问题，因此需要与其他有关联的系统一起进行讨论。

之所以可以注意到这些问题，得益于插图和架构图的绘制，从插图和架构图中可以直观地看到哪些构成元素是云服务以及哪些部分可以保留在内部网络。

针对提高效率的问题，云服务提供商也提供了免费的试用服务，因此实际地进行测试会比较可靠。

此外，如果要将类似上述示例中的文件服务器和打印服务器一起实现云服务化，可以考虑使用3-8节中讲解的VDI。如果是VDI，则如图3-15所示，计算机与服务器一起部署在云端。这样一来，计算机与服务器之间的数据传输也将更加流畅，安全性也比前面的方式要更高。

构建云服务的技术——

云服务是这样实现的

》 支撑云服务的技术——数据中心

数据中心支持的云计算业务

数据中心是从20世纪90年代开始普及的，现在已经成为支撑云计算的基础设施。数据中心设置和运行着大量的服务器和网络设备，**像建筑物和设备这样成套的数据中心已经逐渐变得普遍化和通用化**，因此形成了一种可供更多云服务提供商轻松简单地参与进来的市场环境。

数据中心的特点

由主要建筑公司和IT供应商成立的日本数据中心协会（Japan Data Center Council，JDCC）将数据中心定义为将分散的IT设备集中设置并高效运用的专用设施，特指专门用于互联网服务器、数据通信、固定电话、手机、IP电话等设备的设置和运用的建筑物的总称。

也就是说，数据中心配备了专门的建筑物，也准备了专用的设备设置IT资产。除此之外，数据中心还具备以下特点（图4-1）。

- **抗灾能力强**
  - 优越的地理位置（地基、标高）。
  - 抗震、耐震、耐火的建筑物结构。
  - 自发电设备、防雷击措施。
- **丰富的网络**
  多个物理网络管道。
- **高度安全**
  严格的门禁管理和设备管理（图4-2）。

JDCC等规范中也对主要项目的标准进行了定义，正因为人们对数据中心达成了共识，所以拓宽了云计算业务的范围。

图 4-1 作为数据中心的建筑物的特点

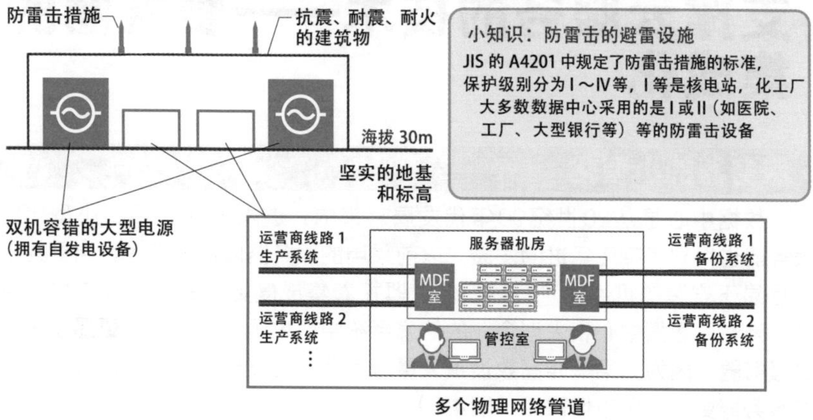

防雷击措施

抗震、耐震、耐火的建筑物

海拔 30m

坚实的地基和标高

双机容错的大型电源（拥有自发电设备）

小知识：防雷击的避雷设施
JIS 的 A4201 中规定了防雷击措施的标准，保护级别分为 I～IV 等，I 等是核电站，化工厂大多数数据中心采用的是 I 或 II（如医院、工厂、大型银行等）等的防雷击设备

运营商线路 1 生产系统

运营商线路 2 生产系统

服务器机房

MDF 室

MDF 室

管控室

运营商线路 1 备份系统

运营商线路 2 备份系统

多个物理网络管道

图 4-2 严格的门禁管理

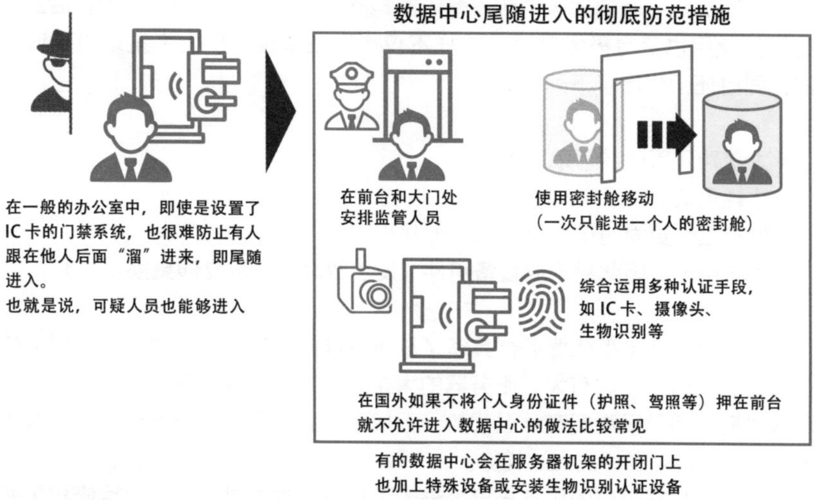

数据中心尾随进入的彻底防范措施

在一般的办公室中，即使是设置了 IC 卡的门禁系统，也很难防止有人跟在他人后面"溜"进来，即尾随进入。
也就是说，可疑人员也能够进入

在前台和大门处安排监管人员

使用密封舱移动（一次只能进一个人的密封舱）

综合运用多种认证手段，如 IC 卡、摄像头、生物识别等

在国外如果不将个人身份证件（护照、驾照等）押在前台就不允许进入数据中心的做法比较常见

有的数据中心会在服务器机架的开闭门上也加上特殊设备或安装生物识别认证设备

知识点

✎ 虽然云服务是由数据中心提供的，但是人们已经普遍认识到数据中心是由建筑物和设备构成的。

✎ 数据中心具有抗灾能力强、网络发达、安全性高等特点。

支撑云服务的技术——服务器的集成化

服务器的小型化

数据中心是从20世纪90年代发展起来的，进入21世纪后，小型化的服务器也得到了突飞猛进的发展。以前采用的服务器以塔式居多，当更为小型且易于安装的机架式"登场"后，紧接着集成度更高的高密度式也面世了。当然，数据中心和大型企业的信息系统中心也导入了**小型且更易于集成的服务器**。因为如果需要高效设置大量服务器，显然机架式和高密度式类型的服务器更能满足市场需求（图4-3）。

小型化带来的优势

随着数据中心的建筑物和设备不断地向标准化方向发展，小型化后的服务器的使用也变得极为普遍。这样不仅可以在单位面积上大量地设置服务器，同时还衍生出了下列优势。

- 大量购买服务器可以降低成本。
- 功耗更低。
- 维护工作更为简单（小型化、形状相同）。
- 由于小型，因此易于放置备用件（发生故障后可以立即更换新品）。

也就是说，小型化服务器具备了以更低廉的价格为大量用户提供服务的各种要素。即便是拥有大量服务器的大企业，如果只有一家，也可能会因为导入时期的问题很难拥有什么优势，但如果是面向海量用户配备大量的服务器，则一定能够发挥出上述优势。

此外，数据中心的服务器已经进入了在发生故障时不再进行检修和更换部件，而是替换成全新服务器的时代（图4-4）。

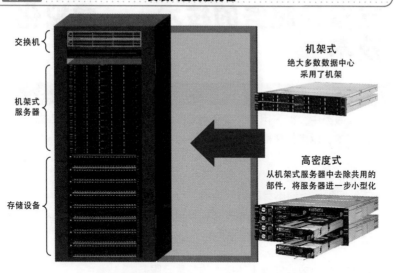

图4-3　安装大量的服务器

交换机

机架式
服务器

存储设备

机架式
绝大多数据中心
采用了机架

高密度式
从机架式服务器中去除共用的
部件，将服务器进一步小型化

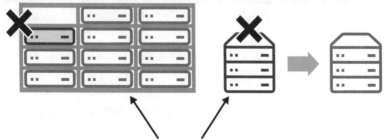

图4-4　从检修和更换部件的时代进入替换成新品的时代

● 企业和组织通常会签订保修合同，发生故障时会进行检修和部件的替换
● 数据中心通常会配备备用的服务器，以直接替换为新的设备为主
● 与其花费时间检修和查明故障原因，不如直接替换成全新的服务器效率更高，
　且现在的服务器基本上不会用坏

知识点

✐ 数据中心采用机架式和高密度式等小型化的服务器的做法已成为主流。

✐ 要实现价格优惠的云服务，服务器的小型化是必经之路。

» 支撑云服务的技术——虚拟化技术

虚拟化技术概要

在云服务中，很多用户共享使用虚拟服务器，因此虚拟化技术是云服务的基础技术。以虚拟化服务器为例，其具有下列优点（图4-5）。

- 能够节省占用空间、电力消耗等物理设施。
- 能够实现服务器本身的高效运用。
- 能够轻易将虚拟化后的服务器复制和迁移到其他服务器中，这作为防范故障、灾害的对策也是有效的。

能够更加高效地实现上述操作的正是云服务。

虚拟化软件的作用

在虚拟化软件中，**VMWare**、Hyper-V、开放源码的Xen、**KVM**等都比较有名。

使用虚拟化软件可以将物理服务器划分成虚拟（逻辑）服务器。在虚拟化软件中查看虚拟服务器的方法如图4-6所示，这是在一台物理服务器中设置多台虚拟服务器的示例。

在云服务中，多台物理服务器对应的是多个使用虚拟服务器的用户，因此是一种多对多（大量）的关系。

除了虚拟化服务器之外，存储器和网络的虚拟化，以及客户端的虚拟化等云服务系统，整体都是由各种不同的虚拟化技术支撑着的。如果将这些虚拟化技术进行简单整理，则具体包括将一台划分成多台、使中继点和通道看上去只有一个、将包含自身在内的系统放置在通用的容器中等做法。

虚拟化技术的关键在于可以在不受硬件约束的情况下，实现自己想要做的事情。

图4-5 虚拟化服务器的优势

物理优势

仅使用物理服务器

组合使用物理服务器
和虚拟服务器

即使本原本需要九台物理服务器，
通过虚拟服务器提高效率后，
或许只需六台物理服务器即可满足，
即占用空间和电力消耗减少了

更高效地运用

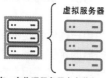

虚拟服务器

在一台物理服务器中安装多
个虚拟服务器，能更有效地
充分发挥其作用

复制和迁移也很容易

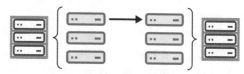

使用虚拟技术软件化后的服务器，
其复制和迁移也相对简单

图4-6 查看虚拟服务器的方法

Hyper-V 管理器界面

在一台物理服务器中设置了 business process A/B、Hadoop #0～#3 六
台虚拟服务器的示例

知识点

⎰ 正是由于虚拟化技术的存在，才出现了云服务。

⎰ 云服务中的服务器、存储器、网络等系统的主要构成元素中都使用了虚拟
化技术。

虚拟化技术为何如此方便

虚拟化能获取大批量的用户

实现了虚拟化后，即可在一台服务器中设置多台服务器，从而提升处理效率，也可以侧面提高物理层面的使用效率。

对云服务提供商而言，其最喜闻乐见的是不需要为用户提供特定的服务器，可以自由地更改物理服务器和用户使用的虚拟服务器的定位（图4-7）。

因为可以将用户所需的性能、容量和空余的物理或虚拟服务器组合在一起作为服务提供，所以可以极大地提高业务效率。正因为虚拟化技术的存在，所以才能够**实现满足海量用户需求的云服务**。

此外，虽然虚拟化技术可以带来各种便利，但是**如果只是单纯地将一台服务器分成多台虚拟服务器使用，会导致每台服务器的性能下降**。当然，针对这一缺点，各大供应商也采取了许多不同的应对措施。

提高处理性能的措施

其中最简单的对策就是提升物理服务器的性能，但如果从性价比来考虑，要实现这一对策也并非易事。

既然虚拟服务器也是服务器，那么必然在其中就包含了CPU、内存、磁盘和网络，甚至在其中运行了应用软件。

在这些前提条件下，可以考虑采取图4-8所示的措施。

- 开发更适合运行在虚拟环境中的应用软件。
- 对每个板块的虚拟化技术进行进一步优化打磨。
- 提升系统的整体性能。

在**4-5**节中将从技术角度对上述对策进行分析。

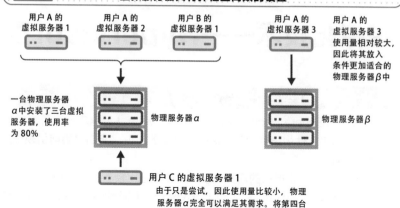

图4-7　　　虚拟服务器具有弹性且高效的设置

用户 A 的
虚拟服务器 1

用户 A 的
虚拟服务器 2

用户 B 的
虚拟服务器 1

用户 A 的
虚拟服务器 3

用户 A 的
虚拟服务器 3
使用量相对较大，
因此将其放入
条件更加适合的
物理服务器 β 中

一台物理服务器
α 中安装了三台虚拟
服务器，使用率
为 80%

物理服务器 α

物理服务器 β

用户 C 的虚拟服务器 1
由于只是尝试，因此使用量比较小，物理
服务器 α 完全可以满足其需求。将第四台
虚拟化服务器放入物理服务器 α 中，实现
使用率最大化

图4-8　　　　　　　提升性能的措施

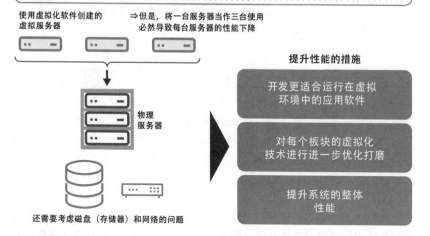

使用虚拟化软件创建的
虚拟服务器

⇒ 但是，将一台服务器当作三台使用
必然导致每台服务器的性能下降

提升性能的措施

物理
服务器

开发更适合运行在虚拟
环境中的应用软件

对每个板块的虚拟化
技术进行进一步优化打磨

提升系统的整体
性能

还需要考虑磁盘（存储器）和网络的问题

第 4 章 构建云服务的技术

知识点

∥ 经过虚拟化后可以高效地管理大量服务器，因此可以应对海量用户的
需求。

∥ 如果只是单纯地将一台物理服务器划分为多台虚拟服务器使用，则会降低
服务器的性能。

第 **4** 章

构建云服务的技术

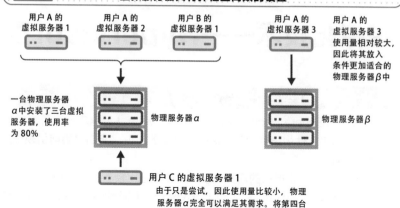

图4-7　　　虚拟服务器具有弹性且高效的设置

用户 A 的
虚拟服务器 1

用户 A 的
虚拟服务器 2

用户 B 的
虚拟服务器 1

用户 A 的
虚拟服务器 3

用户 A 的
虚拟服务器 3
使用量相对较大，
因此将其放入
条件更加适合的
物理服务器 β 中

一台物理服务器
α 中安装了三台虚拟
服务器，使用率
为 80%

物理服务器 α

物理服务器 β

用户 C 的虚拟服务器 1
由于只是尝试，因此使用量比较小，物理
服务器 α 完全可以满足其需求。将第四台
虚拟化服务器放入物理服务器 α 中，实现
使用率最大化

图4-8　　　　　　　提升性能的措施

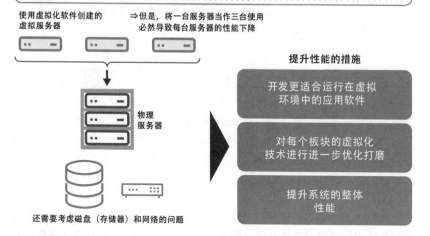

使用虚拟化软件创建的
虚拟服务器

⇒ 但是，将一台服务器当作三台使用
必然导致每台服务器的性能下降

提升性能的措施

物理
服务器

开发更适合运行在虚拟
环境中的应用软件

对每个板块的虚拟化
技术进行进一步优化打磨

提升系统的整体
性能

还需要考虑磁盘（存储器）和网络的问题

知识点

∥ 经过虚拟化后可以高效地管理大量服务器，因此可以应对海量用户的
需求。

∥ 如果只是单纯地将一台物理服务器划分为多台虚拟服务器使用，则会降低
服务器的性能。

第 **4** 章

构建云服务的技术

» 虚拟化技术——Hypervisor型

Hypervisor型

VMWare vSphere Hypervisor、Hyper-V、Xen、Linux本身自带的KVM等，是在虚拟化软件中被称为**Hypervisor**型的类型，**它们是当前引领虚拟化场景的产品**。

Hyper-V是由微软提供的虚拟化软件，如果是比较新的Windows操作系统，可以将其作为一个功能选项使用。Hyper-V可以随时免费使用，或许也正因为如此，才将虚拟化技术深入渗透了人们日常生活的方方面面。

Hypervisor型是当前大多数虚拟化软件采用的主要类型，它作为物理服务器上的虚拟化软件使用，再在其中安装Linux或Windows等**客户机操作系统**来运行。由客户机操作系统和应用构成的虚拟服务器（虚拟机）是在不受**宿主机操作系统**的影响下运行的，因此可以高效地运用多台虚拟服务器，以前还曾出现过宿主机OS类型的虚拟化软件（图4-9）。

距离更好的开发环境还有差距

虚拟化技术是随着多种多样的软件应用而逐渐得到普的，而软件的开发者当然希望使用由高品质、高性能的服务器和网络构成的开发环境。

但是，将在Hyper-V虚拟环境中开发的系统迁移到VMWare的环境，或者反过来将在VMWare环境中开发的系统迁移到Hyper-V的虚拟环境是不可能实现的，因为需要在迁移目标的服务器上构建与之相同的虚拟环境（图4-10）。

虽然虚拟环境下迁移系统比较容易，但这也只是在基本的虚拟化软件或操作系统相同的情况下才会成立的说法。此外，虚拟机本身还存在占用磁盘空间较大的问题。不过不用担心，相信这些问题很快就会得到解决。

| 图4-9 | **Hypervisor型与宿主机OS型** |

Hypervisor 型

虚拟服务器	虚拟服务器
应用 应用	应用 应用
客户 OS	客户 OS

虚拟化软件
操作系统
物理服务器

- 操作系统与虚拟化软件几乎合为一体，可以提供完整的虚拟化环境
- 发生故障时很难区分是虚拟化软件的问题还是操作系统的问题
- 较新的操作系统多采用此技术

宿主机 OS 型

虚拟服务器	虚拟服务器
应用 应用	应用 应用
客户 OS	客户 OS

虚拟化软件

操作系统
物理服务器

- 从虚拟服务器中访问物理服务器时需要通过宿主机 OS 进行处理，因此容易出现执行效率下降的问题
- 发生故障时比 Hypervisor 型容易确认问题所在
- 在传统的任务导向型系统中拥有极高的人气

| 图4-10 | **虚拟服务器迁移的问题** |

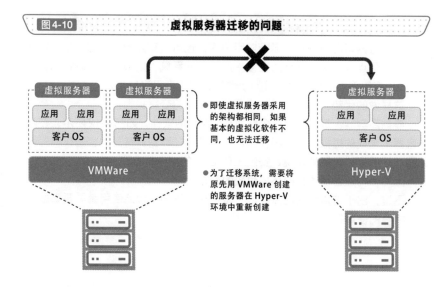

- 即使虚拟服务器采用的架构都相同，如果基本的虚拟化软件不同，也无法迁移
- 为了迁移系统，需要将原先用 VMWare 创建的服务器在 Hyper-V 环境中重新创建

知识点

✐ 绝大多数虚拟化技术采用的是 Hypervisor 型。

✐ 虽然虚拟机易于迁移，但那也是在满足条件的情况下才能实现的事情。

» 虚拟化技术——容器型

高速处理的实现

人们普遍认为今后的虚拟化技术中将成为主流的是容器型虚拟机。到目前为止，虚拟化软件都是在虚拟机上启动客户机OS来调用应用程序的，因此需要进行一些复杂的处理。

而如果是容器型架构，则由于客户机OS可以共享宿主机OS的内核功能，因此可以实现轻量化。也由于容器内的客户机OS只包含所需使用的最少量的软件库，因此对CPU和内存产生的负担较小，从而可以实现高速处理（图4-11）。

轻量化的特点

使用容器可以更顺利地运行应用程序，也可以有效利用资源，但它可不只有这些优点。之所以被称为**轻量虚拟化基础系统**，是因为它可以将由客户机OS和应用程序构成的虚拟机的软件包做到小型且轻量化。

这样做的优势，就是应用程序系统的迁移将变得极为容易。

要创建容器，需要使用一个称为 Docker 的软件。如图4-12所示，在基础容器上生成的虚拟机（容器）以容器为单位迁移到具有其他容器环境的服务器（轻量虚拟化基础环境、安装了Docker的宿主机OS）中。

当然，构建容器本身的环境也较为简单。

不过，由于与传统的虚拟环境的设计有所不同，因此使用者需要掌握容器型特有的使用技巧。

图4-11 **容器型架构概要**

容器型

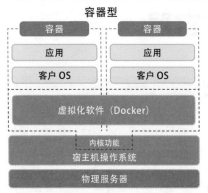

小知识:
- 容器原本是作为 Docker 公司为其提供的 PaaS 服务中的功能而开发的技术
- 自 2013 年 3 月发布之后,人气骤升,成为容器管理技术的事实上的行业标准
- 代码是使用由谷歌开发的 Go 语言编写的

- 虚拟化软件(Docker)将整个操作系统分割成容器的"箱子"提供给用户使用
- 每个"箱子"都可以独立地使用物理服务器的资源
- 容器中的客户机 OS 可以共享宿主机 OS 的内核功能

图4-12 **在Docker环境下的迁移**

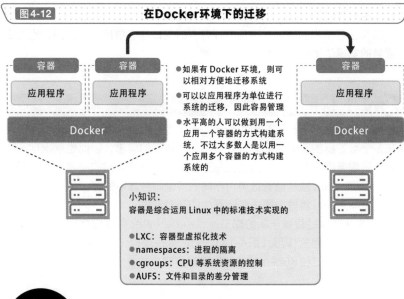

- 如果有 Docker 环境,则可以相对方便地迁移系统
- 可以以应用程序为单位进行系统的迁移,因此容易管理
- 水平高的人可以做到用一个应用一个容器的方式构建系统,不过大多数人是以用一个应用多个容器的方式构建系统的

小知识:
容器是综合运用 Linux 中的标准技术实现的

- LXC: 容器型虚拟化技术
- namespaces: 进程的隔离
- cgroups: CPU 等系统资源的控制
- AUFS: 文件和目录的差分管理

知识点

🖊 容器型虚拟机与传统虚拟机相比可以实现更加高速的处理。

🖊 容器的执行环境是使用Docker软件实现的。

≫ 实现多云计算的容器

容器的移动

4-6节中讲解了在容器环境中构建的系统既轻量又易于迁移。此外，如果是包含容器环境的服务器，那么它是很容易迁移的，可以迁移到条件更好的服务器中。

受到某种容器热潮的影响，各大云服务提供商已经配备了专供容器使用的环境。容器原先是前沿的工程师出于追求更好的开发环境，期望在发生问题时能够迅速地进行更换，或者不喜欢受制于特定的供应商等目的，伴随着争取开发自由的思潮而发展起来的。

此外，Docker原本是将Linux作为宿主机OS使用的，但也提供了Docker for Windows，可以在Windows Server上安装容器应用，因此对微软也产生了战略性影响。

随着容器技术的发展，使用方在开发时可以挣脱供应商的束缚，也为**多云服务的实现**助了一臂之力。

多个容器的运用管理

虽然Docker的环境是仅限于一台服务器的环境，但是市场上出现了需要在多个服务器的容器之间进行处理来提高效率的需求，因此也就出现了需要对不同服务器中存在的容器的关系进行管理的**容器编排**的需求（图4-13）

Kubernetes就是随着这类将不同的多个服务器中的容器的执行环境当作一个整体来进行管理的需求应运而生的开源软件。

Docker就像是管弦乐队的成员，而Kubernetes则像指挥和编曲一样发挥着支持容器应用的作用（图4-14）。无论是在虚拟化技术中还是云服务的运用场景中，容器和Kubernetes的功能都不容小觑。

图4-13 **容器应用的编排**

在实际的应用程序示例中，即使应用程序安装在不同的服务器上，用户仍然希望可以按照认证→数据库→分析→显示的顺序进行操作

认证容器	数据库容器	分析容器	显示容器
用户认证	输入数据的管理	数据的分析	分析结构的图表显示

Docker   Docker

虚拟服务器 A   虚拟服务器 B

● 就像管弦乐队是由指挥者统一协调演奏一样，如果能够对存在于不同服务器中的容器应用的启动顺序、执行处理间的关系等进行控制，对用户来说是非常好的事情

● 这种运用机制称为容器编排

图4-14 **Kubernetes功能概要**

● Kubernetes 负责对不同容器的关系和执行处理的顺序进行控制

● 虽然物理服务器仍一样，但是虚拟服务器和容器可以在更加良好的环境中运行

容器可以根据服务器的性能、负载及用户的使用状态灵活地对虚拟服务器的设置进行变更

小知识：
Kubernetes 也经常被写成 k8s，即 k＋8 个字母（ubernete）＋结尾的 s

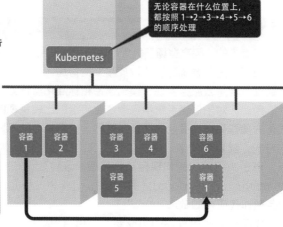

无论容器在什么位置上，都按照 1→2→3→4→5→6 的顺序处理

Kubernetes

容器1 容器2   容器3 容器4   容器6

容器5   容器1

知识点

✎ 容器既轻量又易于迁移，为多云服务的实现做出了很大的贡献。

✎ 对不同的多个服务器中安装的容器之间的关系进行高效管理的技术也十分引人注目。

» 寻求不会变化的IT基础架构

容器流行的原因

4-6节中已经讲解过，容器之所以普及，是因为开发者追求更加优良的环境和更加卓越的性能，其他原因还包括企业和组织期望云服务提供商能够提供不会变化的IT基础架构。

不会发生变化的IT基础架构被称为**不可变基础架构**（Immutable Infrastructure），是一种对抗传统系统中会发生变化的基础架构的思想。

可变的IT基础架构是指对构建好的环境（IT基础架构）进行变更并进行维护和管理（图4-15）。

为了维持系统的运行，对硬件、软件产品涉及的升级各种版本等操作，以及随之而来的管理工作对于企业和组织而言是一种长期而沉重的负担。

不会变化的IT基础架构

云服务的"闪亮登场"极大地降低了购买和构建基础架构耗费的工时。

当然，进行系统环境的设计和架构管理，以及应用程序的运用等操作仍然需要，但是云服务实现了模式选择和标准化操作。

因此，对于信息系统中各个企业和组织比较重视的部分，可以不进行模式化的操作而选择灵活的处理。当然，也有将各种不同模式灵活地结合运用的方式。其具体的做法是将信息系统的基础架构和架构管理使用源代码表示，通过执行源代码实现自动化处理。这种处理方式称为**基础设施代码化**（Infrastructure as Code）（图4-16）。近年来流行的RPA系统采用的就是将业务操作代码化的做法。

代码作为应用程序的组成要素是相当重要的，而**通过实现业务操作和IT基础架构的代码化**可以推动代码共享化和自动化的发展。

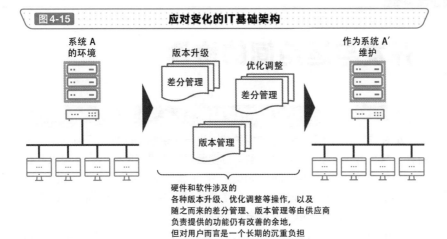

图4-15　应对变化的IT基础架构

系统 A
的环境

版本升级
差分管理

优化调整
差分管理

版本管理

作为系统 A′
维护

硬件和软件涉及的
各种版本升级、优化调整等操作，以及
随之而来的差分管理、版本管理等由供应商
负责提供的功能仍有改善的余地，
但对用户而言是一个长期的沉重负担

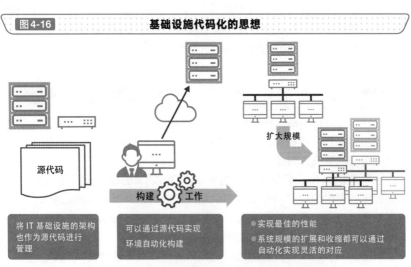

图4-16　基础设施代码化的思想

源代码

扩大规模

构建　　　工作

将 IT 基础设施的架构
也作为源代码进行
管理

可以通过源代码实现
环境自动化构建

● 实现最佳的性能
● 系统规模的扩展和收缩都可以通过
　自动化实现灵活的对应

开发者在追求更加优良的环境、更加卓越的性能的同时，
也希望能更灵活地实现 IT 基础设施的构建和管理操作

![知识点]

✎用户为了应对不断变化的IT基础架构，承受着长期而沉重的负担。

✎市场不仅对不会变化的IT基础架构有需求，而且也有实现将构建和架构
　管理代码化的趋势。

≫ 开发与运用间的协调

开发与运用完全脱离的传统系统

4-8节对自动化和代码化的相关知识进行了讲解。从其他观点的动向来看，还需要将开发和运用协调一致。浏览云服务提供商的网站，就可以看到DevOps这一关键字。DevOps是将开发（Development）和运用（Operation）组合起来创造的词，是指在缩短软件开发期间的同时，需要将开发和运用高度协调，以更快地发布高品质的下一版本。

传统的系统开发如图4-17所示，系统正式启用后的管理**根据系统的规模分成运营管理和系统维护，或者统一成运用管理**。

如果按人才来表示，就是如图4-17所示。虽然这里是按照企业系统相关的人才来整理的，但是以前的系统工程师和运营负责人分别由不同的人来担任。不过因为云服务的出现，这一情况也正在发生转变。

开发和运用走向统一

像容器和容器编排这样的软件开发技术，从一开始就会考虑到正式启用后系统的追加和升级操作。特别是PaaS服务，还考虑到了从开发到正式启用之后运行的系统协同操作问题。

也就是说，在云服务系统的世界中，DevOps的概念已经逐渐成为现实。云服务提供商除了具有支持提供服务的系统的开发和运用的机制之外，也强调了供应商内部的开发团队和运用团队也有类似DevOps这样的，将两个团队高度统一成一个团队的工作方式和技术。

其终极做法是将开发和运用统一起来，作为实现这一做法的前期阶段，可以像图4-18所示那样，极力降低运用的工时或实现自动化，或者将两者充分协调。

图4-17	传统企业系统运行后的管理与相关人才		
	两项管理	内容	备注
系统运行后的管理	运营管理 （系统运营负责人）	●运行监控 ●性能管理 ●变更对策 ●故障对策	可以标准化、制度化的业务等
	系统维护 （系统工程师）	●性能管理 ●版本升级、增加功能 ●Bug对策 ●故障对策	主要是非标准的、无法制度化的业务等

● 在大规模的系统或者发生故障时影响程度较大的系统中，通常是将运用管理和系统维护团队分开配备
● 小规模系统或部门内部的系统通常只需要运营管理

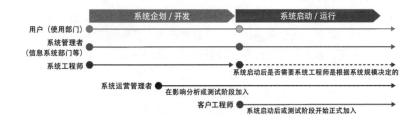

系统企划 / 开发　　　　　系统启动 / 运行

用户（使用部门）

系统管理者
（信息系统部门等）

系统工程师　　　　　　　　　　　　系统启动后是否需要系统工程师是根据系统规模决定的

系统运营管理者　　在影响分析或测试阶段加入

客户工程师　　系统启动后或测试阶段开始正式加入

图4-18	在云服务中实现DevOps

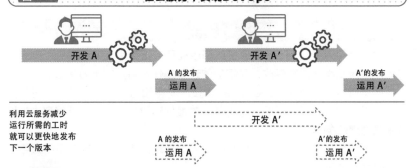

开发 A　　　　　　　　开发 A'

A 的发布　　　　　　　A'的发布
运用 A　　　　　　　　运用 A'

利用云服务减少运行所需的工时就可以更快地发布下一个版本

开发 A'

A 的发布　　　　　　　A'的发布
运用 A　　　　　　　　运用 A'

● 与其等到 A 系统的开发完成后，根据 A 的运行状况确定 A'的发布，不如在运行的系统中添加或修改来不断地改进和增强系统
● 如果运用的工时和期间缩短，则之后的开发也会更顺利，实现开发与运行的协调共进
● 这是非常实际的 DevOps 流程，可以实现开发与运行的高度统一

知识点

▱ 在传统系统中，开发和运行是分开进行管理的。

▱ 云服务中配备了协调处理开发和运行的框架。

微服务是什么

微服务的特点

2-2节中已经讲解了容器和微服务是目前云服务中具有代表性的技术。

微服务是指**创建多个小型的独立的服务，将它们整合在一起来提供大型服务**，确保即使对其中个别的小型服务进行修改，也不会对其他的服务产生影响（图4-19）。

其具体是通过API对每个独立应用程序进行调用来实现的。

例如，如果是传统的系统，并不是使用API分别调用不同的应用程序进行用户认证、输入和存储数据、分析数据，而是在应用程序的程序内使用源代码进行定义。因此，如果对某个应用进行了修改，就需要同样地对其他应用进行相应的修改。如果是微服务，由于应用程序之间是通过API进行调用的，因此即使对某个应用进行了修改，也无须再对其他应用进行修改（图4-20）。

微服务与容器的效果

如果将可以通过API调用连接的应用程序放置到单独的容器中，那么不仅可以对应用程序进行修改，其相应的迁移操作也将变得更为轻松。

如果可以将容器和Kubernetes等技术与微服务技术结合在一起进行灵活的运用，那么就可以**根据当时所需要的最佳环境**将应用程序**迁移到虚拟服务器或物理服务器**中。

如果配备了容器、容器编排及微服务的环境，就可以实现在不同云服务提供商之间来回切换。

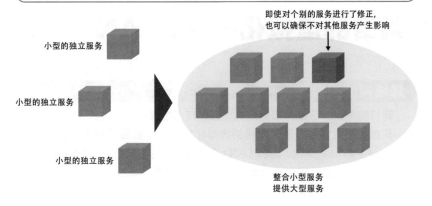

図4-20　**API连接的便利性示例**

〈使用代码调用的传统型系统〉

调用
¥x¥MainSys¥Auth.exe

| ID: |
| Data1: |
| Data2: |

画面出现后再调用
¥x¥MainSys¥Entry.exe

如果输入的 ID、Data1、
Data2 的数据格式正确，
就调用
¥x¥MainSys¥DB.exe

如果是传统的应用程序，即使
只修改了后面调用的文件的名称，
也不得不对前后涉及的程序代码重新进行检查和修改

DB.exe 负责检查 ID2020 是否
保存在 ¥x¥SubSys 下面的数据
库内部，并将数据保存进去

2011、2020、2033

〈使用 API 连接的微服务〉

Entry.exe

| ID: |
| Data1: |
| Data2: |

调用
http://www.
shoeisha.co.jp
/DB.exe

DB.exe
如开源的
MySQL 或其他

调用
http://www.
shoeisha.co.jp
/Analize.exe

Analize.exe
如开源的
Elasticsearch
或其他

如果通过 API 对后续调用的应用程序进行定义，
则不需再返回去修改源代码

知识点

✎ 微服务是将小型且独立的服务整合在一起，形成大型服务并提供的一种思
维模式（是整合小服务提供大服务的思路）。

✎ 微服务和容器创造了更加自由的云服务环境。

≫ 网络的虚拟化——VLAN

局域网的虚拟化

到目前为止，已经对服务器的虚拟化技术相关的内容进行了讲解。实际上，高效连接大量服务器的网络的虚拟化技术也是云服务的重要支柱之一，而**VLAN**（Virtual LAN，虚拟LAN）就是基本的技术之一。VLAN可以将一个物理局域网分割成多个虚拟局域网。这一概念与可以在一台物理服务器中构建多台虚拟服务器类似。

下面以实际示例进行思考。假设某个企业有人事总务部，而该部门构建了一个局域网，由于组织架构的变动，人事总务部被分成了人事部和总务部，传统的做法是增加网络设备构建两个局域网，而使用VLAN就不需要增加物理设备，只需要使用VLAN设置两个虚拟的局域网即可（图4-21）。

在实际的构建中，可以通过具有VLAN功能的交换机进行设置，**如果不更改网络设备的物理结构，那么这是一种非常有效的做法**。

软件的实现

虽然VLAN是一种非常实用且使用便利的技术，但是由于其规格的限制，存在最多只能扩展到4096个节点的问题。

随着数据中心内IT设备的不断增加，使用VLAN技术会感觉到有些力不从心。另外，随着使用需求的激增，数据中心自身也不得不扩大规模，对数据中心之间的分散配置以及与之对应的复杂的网络功能的需求，或是要求在详细功能方面具有更加复杂的功能等，随着云服务的数据中心的扩展和增加，也需要更加先进的技术登场（图4-22）。

图4-21 使用VLAN分割虚拟网络

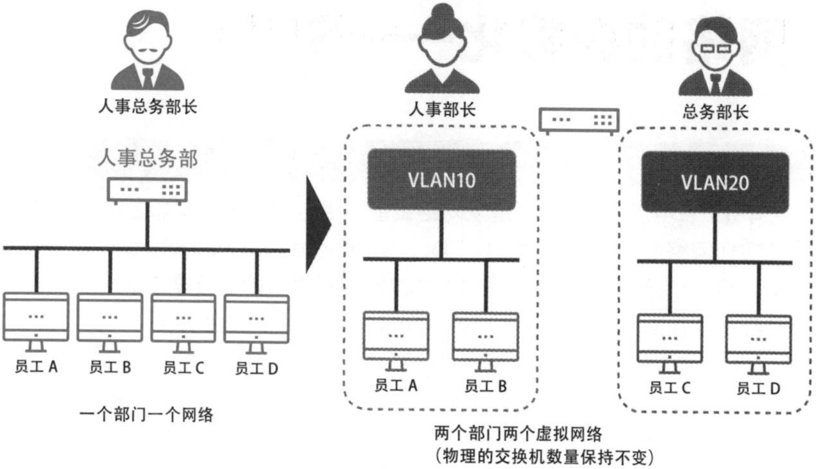

人事总务部长

人事总务部

员工A 员工B 员工C 员工D

一个部门一个网络

人事部长

总务部长

VLAN10

VLAN20

员工A 员工B

员工C 员工D

两个部门两个虚拟网络
（物理的交换机数量保持不变）

图4-22 VLAN的问题与云计算业务的问题

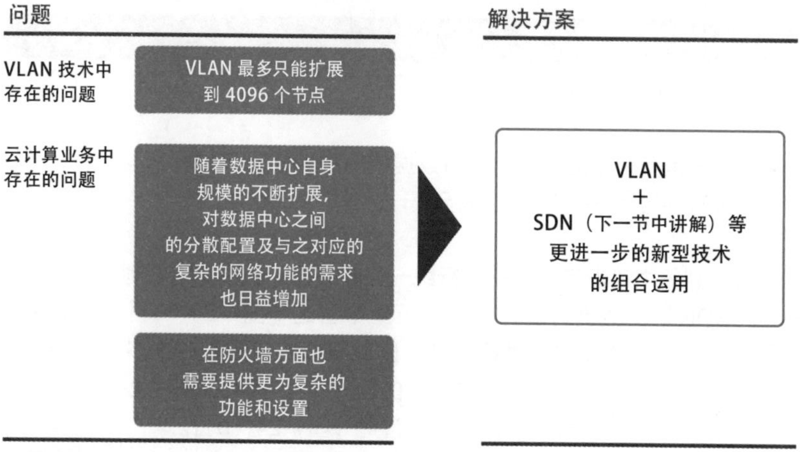

问题

解决方案

VLAN 技术中
存在的问题

VLAN 最多只能扩展
到 4096 个节点

云计算业务中
存在的问题

随着数据中心自身
规模的不断扩展，
对数据中心之间
的分散配置及与之对应的
复杂的网络功能的需求
也日益增加

在防火墙方面也
需要提供更为复杂的
功能和设置

VLAN
＋
SDN（下一节中讲解）等
更进一步的新型技术
的组合运用

知识点

📎 VLAN是网络的虚拟化技术中具有代表性网络。

📎 由于使用VLAN分割网络无须改变网络的物理结构，因此这是一种十分有
效的技术。

» 网络的虚拟化——SDN

用软件实现网络的虚拟化

4-11节中讲解的VLAN是以网络设备为中心的技术，实际上也存在使用软件实现网络虚拟化的技术，如SDN（Software Defined Networking，软件定义网络）就是通过服务器上的SDN软件对网络功能进行操作的。

经过Open Network Foundation（开放网络基金会）标准化后的OpenFlow和NFV（Network Functions Virtualization）就是其中具有代表性的例子。使用这类软件不仅可以通过虚拟化平台实现网络功能，还可以实现将网络和服务器相结合的虚拟化。

如图4-23所示，SDN将网络划分为应用层、控制层和基础设施层三个层次，将来自应用层的指示在控制层进行整理并对整个网络进行控制。

SDN的特点与优势

SDN具有下列两大特点。

- 将对设备和路由的控制功能与数据传输功能分开实现。
- 通过软件对上述控制功能进行统一管理。

在控制器中对设备和路由进行统一控制，实际的数据传输则由网络设备执行，SDN软件负责对这些功能进行集中管理［图4-24（a）］。由于SDN可以将网络设备整体统一进行管理，因此可以将其应用在许多不同的场景中。例如，可以将数据中心内网络用的SDN与负责对数据中心之间进行连接的网络的其他SDN分开进行有效的管理［图4-24（b）］。

在OpenStack中，可以将负责网络管理的Neutron和SDN进行协同操作。

图4-23 **SDN概要**

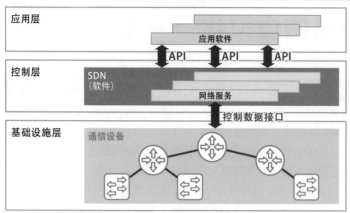

应用层

控制层

基础设施层

SDN 将网络划分成应用层、控制层和基础设施层，并将其自身安装在控制层中

图4-24 **SDN的功能与使用示例**

（a）SDN 的功能

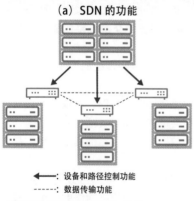

━━▶：设备和路径控制功能
------：数据传输功能

在控制器中对设备和路径进行统一控制，
实际的数据传输由网络设备执行

（b）SDN 使用示例

云计算管理软件

SDN1
（数据中心内）

SDN2
（与其他数据中心连接）

通过建立多个 SDN 对数据中心内部与
外部的数据中心进行连接

知识点

∥SDN是一种使用软件实现网络虚拟化的技术。

∥对规模不断增长的云服务数据中心而言，SDN已逐渐成为一种不可或缺
的存在。

第**4**章

构建云服务的技术

119

» 网络的虚拟化——扁平网络

面向数据中心的网络虚拟化技术

如果希望有效地使用现成的网络资产，则使用VLAN是非常有效的做法；但如果物理服务器数量增加，并且其中的虚拟服务器也会大量增加，数据中心或云服务环境不断发生变化，则使用VLAN就不太合适。

随着服务器虚拟化和集成化的发展，需要反复地将多个服务器的功能集成到一台服务器中。如图4-25所示，如果通信环境不会发生太大的改变，而数据通信量远超以前，那么网络性能就会衰减。

虽然使用SDN是很有效的管理手段，但是**扁平网络**（Ethernet Fabric）因其可以实现简单灵活的网络环境而备受关注。

扁平网络的特点

扁平网络通过增加专用的交换机，**可以将多个交换机整合成一个大型交换机**。

通过将多个网络设备当作一台设备工作，可以将传统的1对1的路由变成支持多路的路由。

当每台物理服务器可以执行多台虚拟服务器的操作时，不仅会增加上下方向的网络通信，而且左右方向的通信也会增加，可以灵活应对这些操作的扁平网络对于作为支撑整个云服务系统的数据中心的网络而言，其地位是举足轻重的（图4-26）。

理解了上述技术的原理后，想必大家一定能够将一台分割为多台的VLAN、控制软件的SDN，以及将多台集成为一台的扁平网络的思维方式和做法灵活地运用到各种不同场景的系统和工作中。

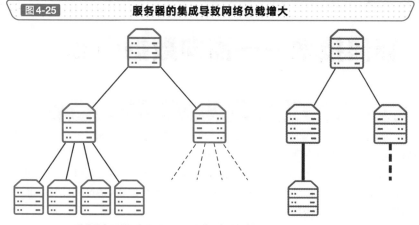

图4-25 服务器的集成导致网络负载增大

随着服务器的不断集成，网络的负载也不断增大

※图中为了便于理解，对局域网的网线进行了加粗，实际当中是不会变粗的

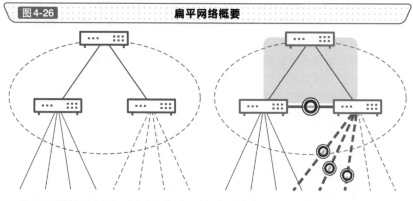

图4-26 扁平网络概要

● 让三台网络设备看上去像一台设备那样工作，在多台设备中选择最佳的路由路径
● ◎ 标识显示的是新产生的路由路径的示例。当然，事先必须准备好相应的物理连接

知识点

✎ 扁平网络是一种面向数据中心的网络虚拟化技术。

✎ 扁平网络可以将多个交换机整合在一起，将整体作为一个大型交换机使用。

≫ 存储技术——面向数据中心

数据中心的数据存储

到目前为止，我们已经对服务器和网络技术进行了讲解，接下来将对存储的相关知识进行说明。

具体的物理存储结构已经在 **1-9** 节中讲解过，其中包含DAS、SAN、NAS和对象；此外，还介绍了数据中心不仅使用传统的SAN和NAS，而且增加了**对象存储**的使用。

本节为了加深读者对对象存储的理解，将对存储器数据的保存和访问方式进行梳理。

对象存储的特点

图4-27对不同存储的特点进行了梳理。

文件服务器使用类似目录的层级结构进行管理，而对其中每个文件中的数据进行的管理称为文件存储。

块存储主要用于SAN中，由于其是将数据按一定的大小（块）分开进行管理的，因此可以实现高速通信。

对象存储如图4-28所示，数据不是以文件和数据块为单位，而是以**对象为单位**进行处理的。将数据放入名为存储池的容器中创建为对象，并通过固定的ID和元数据进行管理。

为了便于理解，图4-28对对象存储和文件存储进行了比较，可以看到二者有两个不同之处。其一，对象存储更易于更改存储位置和扩展数据规模。其二，对象存储使用HTTP作为协议，因此**对象即使是分散在多个数据中心存储，也可以畅通无阻地进行处理**。这一点对于文件存储和块存储都是尚未攻克的难关，因此可以应对这些处理的云服务时代的存储器被寄予了厚望。

图 4-27　　对象、文件、块存储概要

类型	对象存储	文件存储	块存储
单位	对象	文件	块
协议	HTTP/REST	CIFS、NFS	FC、SCSI
物理接口	以太网	以太网	光纤通道、以太网
适用场景	大容量数据、更新频率低的数据	共享文件	事务数据
特点	扩展性、在数据中心之间也能顺利存储	易于管理	高性能和可靠性

● REST：Representational State Transfer
   在对象存储中用于将对存储执行的操作所使用的 HTTP 通信规范化

● CIFS：Common Internet File System、NFS：Network File System
   文件共享服务的协议

图 4-28　　对象存储的特点

对象存储

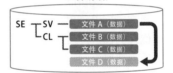

文件存储

不依赖于存储位置，管理较为松散的对象，使用元数据划分格式，因此迁移很简单，且转换成其他存储方式也很容易

尽管是整齐有序的分层结构，但由于文件中不包含属性信息（元数据），因此很难更改存储位置

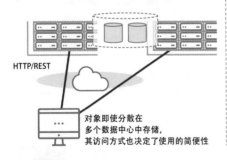

HTTP/REST

对象即使分散在多个数据中心中存储，其访问方式也决定了使用的简便性

CIFS、NFS

如果文件或数据块位于同一个数据中心内，则可以发挥出很高的性能

知识点

🖉 对象存储可以以对象为单位处理数据。

🖉 对象存储可以扩展数据规模，也可以跨越多个数据中心存储数据，因此非常适用于云服务。

» 存储技术——分布式存储软件

云时代的海量数据存储

在各种形态多样的数据不断增加的云服务时代，人们对存储器的需求也各式各样。

- 能够无限增加容量。
- 能够很容易地应对扩展带来的数据结构变化。
- 能够灵活地以对象、数据块、文件为单位进行访问。

接下来介绍满足上述需求的存储软件——Ceph，其表示像章鱼这类的头足纲动物（cephalopod）。Ceph不仅可以应对上述所有的访问方式，而且还具有艾字节（EB）规模的极高的可扩展性。由于是基于算法对数据进行最优化的设置，因此其在变更结构时可以顺畅地移动数据，发生故障时对业务的影响也小。

Ceph的系统架构

可以通过RADOSGW（RADOS Gateway）、RBD（RADOS Block Device）、Ceph FS（Ceph File System）这三种方式对Ceph中的数据进行访问（图4-29）。

Ceph以RADOS（Reliable Autonomic Distributed Object Store，可靠、自治、分布式对象存储）技术作为基础，由显示器和OSD（Object Storage Device，对象存储设备）两部分构成。当有来自客户端的数据存储请求时，负责管理OSD结构和状态的显示器会提供所需信息。OSD负责配置管理对象和对物理存储器进行读/写操作；CRUSH**算法则负责根据结构信息计算出数据的保存位置，并对位于保存位置中的相应的OSD进行访问**（图4-30）。

Ceph不仅是一种理论，而且是已经作为成熟的存储产品被提供。

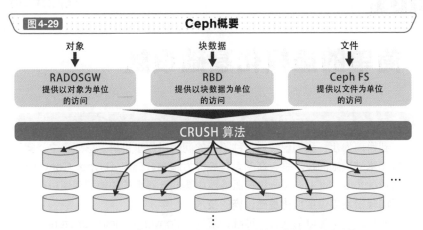

図4-29　Ceph概要

対象　　　　　　　　　块数据　　　　　　　　　文件

RADOSGW	RBD	Ceph FS
提供以对象为单位的访问	提供以块数据为单位的访问	提供以文件为单位的访问

CRUSH 算法

●Ceph 中具有象征意义的 CRUSH 算法可以像章鱼的触手那样实现对磁盘的配置和存储
●艾字节（EB）是拍字节（PB）的 1000 倍
※RADOSGW 与 Amazon S3 和 OpenStack 的 Swift 兼容

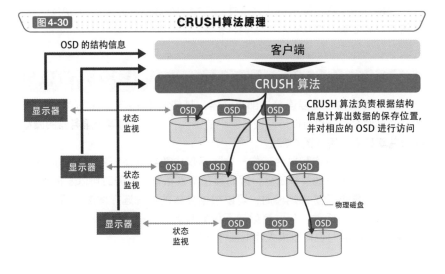

图4-30　CRUSH算法原理

OSD 的结构信息

客户端

CRUSH 算法

CRUSH 算法负责根据结构信息计算出数据的保存位置，并对相应的 OSD 进行访问

显示器　　　状态监视

显示器　　　状态监视

显示器　　　状态监视

物理磁盘

知识点

✐对于云服务时代不断增加的存储需求，解决方案之一是使用Ceph。

✐Ceph支持使用对象、数据块、文件的所有访问方式，其使用了CRUSH算法这一特殊机制。

≫ 简单的虚拟化基础设施

与融合架构的区别

到目前为止，我们已经对各种不同的问题进行了讲解。总而言之，实现虚拟化基础设施的技术是存在的。其被称为**超融合架构**（Hyper Converged Infrastructure，HCI），是一种在服务器中集成计算机的功能和存储功能，**旨在更加轻松地提供虚拟化基础设施的技术**（图4-31）。

在超融合架构以前还有一种融合架构（Converged Infrastructure，CI），其由制造商将网络设备、管理软件、服务器、存储器集中进行认证，为用户提供套装的产品。因为这是一种能够发挥整体最佳性能的组合，因此将其作为虚拟化基础设施是有一定用户基础的。

但是，由于融合架构需要共享外部连接的存储器，因此，和SAN一样，其结构较为复杂。

超融合架构的特点是共享存储

超融合架构不需要连接外部存储器，其使用**4-12**节中讲解的SDN技术，使其他服务器也可以访问服务器中的磁盘，即**可以将某个服务器的磁盘作为共享磁盘使用**（图4-32）。

由于超融合架构和融合架构一样，不仅由兼容性良好的产品集成在一起，并且可以简单地共享磁盘，因此其在导入私有云服务时可以发挥作用。由小规模系统继续扩大规模时，可以根据具体的情况选择增加服务器或者增加超融合架构组件。超融合架构不仅具有虚拟化基础设施的功能，其在实现私有云服务时也可以大大降低操作的门槛。

图4-31 融合架构与超融合架构在结构上的区别

融合架构

- 将经过验证的兼容性良好的产品垂直集成在一起提供使用
- 集成式管理使得运用更加轻松

超融合架构

- 同样采取垂直集成方式提供使用，但是没有外部存储器
- 集成式管理+管理软件和SDN可以实现自动化运用

图4-32 超融合架构的特点

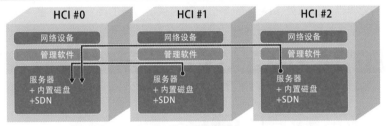

HCI #1 和 HCI #2 可以将 HCI #0 中的磁盘作为共享存储器使用

网络设备和服务器部分
都实现了模块化，
可以先用最小的单位构建系统，
之后再增加模块

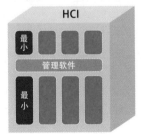

知识点

📝 使用超融合架构可以更加容易构建虚拟化基础设施。

📝 在超融合架构中，可以将特定服务器的内置磁盘作为其他服务器的共享存储使用。

构建IaaS的基础软件

实现IaaS的软件

前面已经讲解过，如果要构建云服务的数据中心，就需要具备可集成的支持虚拟化的数据中心和设备、服务器和网络设备，以及控制和运用这些设备的人才。

除此之外，还需要配备云服务的基础软件，其中具有代表性的就是2-12节中介绍的OpenStack。OpenStack是面向开源的IaaS的基础软件。

非营利性机构OpenStack基金会将其作为社区服务提供了开发支持。OpenStack项目由主要运营商、IT供应商、网络企业参与，力求制定行业通用的业界标准。此外，RedHat等公司还提供了付费的商业版本（图4-33）。

从OpenStack的架构来理解云服务

OpenStack主要由下列主要部件构成（图4-34）。

- Horizon：服务门户（管理工具为图形界面）。
- Nova：计算资源管理（虚拟服务器及其他管理）。
- Neutron：虚拟网络功能。
- Cinder、Swift：虚拟存储功能。
- Keystone：统一认证功能（ID及其他管理）。

此外，就像可以将SDN插入Neutron进行连接一样，OpenStack可以与外部的服务和软件进行联动。OpenStack大致由**内部基础软件和面向外部的服务**这两大部分构成。

图4-33 **OpenStack基金会概要**

- OpenStack 基金会是成立于 2012 年的非营利性机构，在开源软件的相关组织当中，其规模仅次于 Linux，名列世界第二，有超过 600 家的著名公司、企业参加。其白金会员包括 AT&T、爱立信、华为、英特尔、RedHat、SUSE 等，黄金会员中的大型企业包括 CISCO、DELLEMC、NEC 等，企业赞助商包括富士通、日立、IBM、NTT 通信、SAP 等著名企业
- 主要的发行版本包括 RedHat OpenStack Platform、Ubuntu OpenStack、SUSE OpenStack、HPE Helion OpenStack 等

小知识：
- OpenStack 的开发仍然在进行中，每半年需要升级一次版本，如果不升级，一年之后就会面临 EoL（End of Life，寿命终止）的问题
- 发行版通常会提供 3~5 年的长期支持，因此使用发行版可以解决与企业的系统生命周期的协调问题

图4-34 **OpenStack的部件概要**

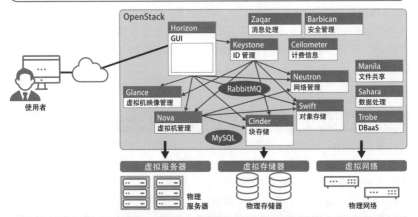

部件	功能	部件	功能
Horizon	服务门户（面向用户的图形界面）	Ceilometer	资源使用情况的测量（计费）
Nova	计算资源管理	Sahara	数据处理 / 解析功能
Neutron	虚拟网络功能	Ironic	裸金属配置（物理主机的分配）
Cinder	虚拟存储功能（块设备存储）	Zaqar	消息处理功能
Swift	虚拟存储功能（对象存储）	Barbican	安全管理功能
Keystone	统一认证功能	Manila	文件共享系统
Glance	虚拟机映像管理		

知识点

- OpenStack是IaaS的基础软件。
- OpenStack由云服务内部的基础软件和面向外部的服务组成。

» 构建PaaS的基础软件

实现PaaS的软件

作为IaaS的基础软件，OpenStack已经逐渐成为事实上的标准。当然，**PaaS中也有开源的基础软件**。

之前已经介绍过PaaS和IaaS的区别在于是否具有开发环境，是否可以使用Python和Ruby等编程语言开发框架、数据库等。其中，具有代表性的PaaS基础软件是 **Cloud Foundry**。Cloud Foundry最初是由因提供虚拟化软件而著名的VMWare公司开发的，现在很多大型企业接管了Cloud Foundry基金会。因此，利用Cloud Foundry提供PaaS服务的提供商名称也被公开（图4-35）。

Cloud Foundry的便利性

使用Cloud Foundry非常便利，如可以提高开发效率。使用数据库软件开发应用程序时，需要在服务器中安装数据库、开发语言软件，在必要时还需要安装允许调用不同框架的执行环境。例如，在Cloud Foundry中开发应用程序，从开发环境中调用数据库时，会为用户分配固定的访问ID，用户只需要输入这个ID就可以连接到数据库。此外，应用程序在发布后的升级和备份也相对简单（图4-36）。

虽然RedHat公司提供的OpenShift也称为PaaS的基础软件，但是由于其是在容器环境中开发应用程序的特点，因此产品定位稍有不同。与Kubernetes不同的是，Cloud Foundry侧重于应用程序开发，而对于IT基础设施的有效利用则可以与Kubernetes共存。

图4-35	**Cloud Foundry概要**

2011 年：VMWare 公司将其作为 PaaS 平台提供服务

2014 年：Cloud Foundry 基金会成立，EMC、HP、IBM、SAP、VMWare，日本国内的日立、
　　　　富士通、NTT 集团、东芝等著名企业加入

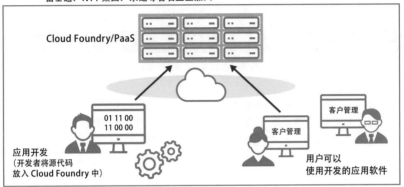

图4-36	**Cloud Foundry的基础服务**

提供应用程序的执行环境	提供通过 Python、Ruby、Java 等编程语言开发的应用程序的执行环境
服务联动	使用虚拟服务器构建系统，允许从不同的应用程序中进行调用
规模扩展与负载分散	可以修改虚拟服务器的数量，自动将应用程序执行的任务分配到不同的虚拟服务器中处理
监视／恢复	应用程序的健康状态监视、发生错误时的自动恢复处理等

● 基本的服务通过供开发者使用的 GUI 提供

● 也可以添加数据库和日志统计等服务

● 提供了数量丰富的命令，主要为了方便开发者使用

知识点

🖊 与 IaaS 一样，PaaS 中也存在基础软件。

🖊 大多数大型 IT 企业是使用 Cloud Foundry 来提供 PaaS 服务的。

》 构建技术的通用化和标准化

云计算技术离不开开源软件的支持

4-17节和4-18节中对构建云服务的基础软件OpenStack和Cloud Foundry进行了讲解。

ERP（Enterprise Resource Planning，企业资源计划）是提供一个企业中主要业务的软件包。由于ERP涵盖范围广泛，因此其需要收费使用。

虽然OpenStack和Cloud Foundry提供了整套云服务的软件包，但由于其是开源软件，因此可以免费使用。虽然免费提供，但这并不表示OpenStack和Cloud Foundry的品质低下，为了推动其普及和开发，由许多企业组成的非营利性机构——**云计算社区**为该项目提供了支持。

KVM、Docker、Kubernetes也同样如此，都有开源软件的云计算社区。也就是说，除了极少数的云服务提供商之外，云服务提供商的服务都像图4-37中所示的那样，是基于开源软件提供服务的，因此云服务系统相关的技术有很大一部分是通用化和标准化的。当然，极少一部分没有对外明确声明使用了开源软件的供应商也必定使用了开源软件。

开源软件差异化关键点

既然大多数云服务提供商使用了上述开源软件，那么它们的差异在哪里呢？具体包括下列几个关键点（图4-38）。

- 由于开源软件并没有解决所有问题，因此"枝叶"部分的功能需要自己开发。
- 针对个别用户企业的要求，分析整理需求，提供新功能。
- 进一步强化系统的可靠性和性能。

即便是公司自己构建私有云的场合，只要在构建过程中注意了这些关键点，也可以实现高质量服务的提供。

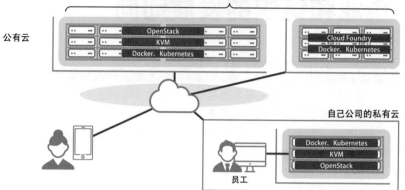

图 4-37　基于开源软件推进通用化和标准化

使用开源软件构建系统，使用的开源软件也大多相同

公有云

OpenStack
KVM
Docker、Kubernetes

Cloud Foundry
Docker、Kubernetes

自己公司的私有云

Docker、Kubernetes
KVM
OpenStack

员工

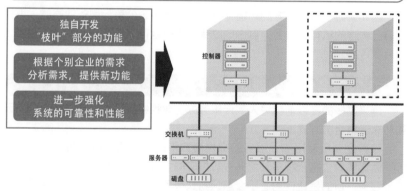

图 4-38　差异化的关键点与实现示例

独自开发
"枝叶"部分的功能

根据个别企业的需求
分析需求，提供新功能

进一步强化
系统的可靠性和性能

控制器

交换机

服务器

磁盘

● 在标准的 OpenStack 中，控制器采用的是单一架构，
一旦出现问题，整个云服务都会宕机
● 服务提供商进行独自改进，在控制器中加入双机容错
机制，强化系统整体的可靠性
● 通过大量的类似改进，即便使用的是相同的开源软件，
也可以实现服务的差异化

知识点

∥云服务技术以开源软件为基础，由许多企业参与的云计算社区提供
支持。

∥即便使用开源软件自己构建系统，也需要注意差异化的关键点。

》 企业和组织的发展动向

让私有云的构建变得更容易

前面已经讲解过随着云服务基础软件和融合架构的进步和运用，**企业和组织实现私有云的构建变得较为简单**。

不仅如此，服务器、网络、存储及其相应的虚拟化技术虽然是以特定的物理结构为前提的，但是在其中可以实现最佳的资源分配和灵活运用。另外，SDN、扁平网络、Ceph等技术也在不断推陈出新。学习和掌握这些技术，在构建和优化私有云架构时，就可以充分发挥这些技术的优势。

另外，如果导入像容器和Kubernetes这样使用容器编排的软件，以及微服务这样的应用程序的开发技术和方法，就可以将企业和组织中的应用程序迁移到更加合适的环境中（图4-39）。

因此，为了追求最好的环境，可以在使用多个公有云服务的同时，再加入自己构建的私有云服务，自由地改变系统的运行环境。

导入云服务的企业动向

越来越多的在以前就导入了云服务的企业和组织开始采用将多个公有云和私有云结合的方式。

随着企业所使用的云服务的提供商数量的增加和使用私有云场景的增多，就需要对公有云和多云服务进行相应的管理，我们将其称为**服务管理**或管理服务，目的是让使用者不会意识到云服务提供商的存在，只需要意识到使用的是什么服务（图4-40）。

想必今后这种理念和这类服务管理的需求会继续增加，其在企业和组织扩大使用云服务时将是必不可少的。

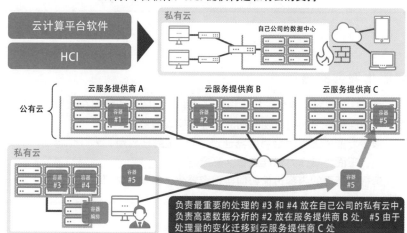

图4-39　提供构建私有云的支持与应用迁移的自由程度

云计算平台软件、HCI 提供构建私有云的支持

负责最重要的处理的 #3 和 #4 放在自己公司的私有云中，负责高速数据分析的 #2 放在服务提供商 B 处，#5 由于处理量的变化迁移到云服务提供商 C 处

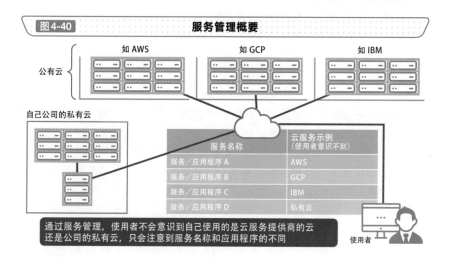

图4-40　服务管理概要

服务名称	云服务示例（使用者意识不到）
服务／应用程序 A	AWS
服务／应用程序 B	GCP
服务／应用程序 C	IBM
服务／应用程序 D	私有云

通过服务管理，使用者不会意识到自己使用的是云服务提供商的云还是公司的私有云，只会注意到服务名称和应用程序的不同

使用者

知识点

✎ 丰富的云计算技术使私有云的构建变得简单。

✎ 服务管理在今后的云服务使用中是不可或缺的。

开 始 实 践 吧

容器化服务的选择

第4章对容器及其相关技术进行了讲解。容器是引领现在云服务的技术之一，下面将练习如何对现有的应用程序实现容器化。

很多专业的工程师会将容器通过"1个服务（应用）/ 1个容器"的方式实现，下面将其作为标准进行实际操作。

请根据下面的内容讨论如何实现容器化，答案当然可以有很多种。

案例：
为了在网页上显示销售额一览，需要实现下列三种功能：
- 使用OSS1显示服务。
- 对基于OSS2显示的数据进行数据分析。
- 使用OSS3对目标数据进行管理。

方法示例

方法一

由于目标是实现微服务化，即使替换容器内的部件，只要不会影响其他容器就可以，因此可以采用类似显示分析结果的服务（启动OSS1 + 显示分析结果）、数据分析服务（启动OSS2 + 数据分析处理）这样的方式创建三个容器。在现实中，以后可能需要用OSS4替换OSS1，可以在不影响其他容器的情况下进行修改。

方法二

如果从数据流的角度分析整个案例，会发现实际上处理的是同一份数据，可以将其视为一种处理相同数据的服务，打包到一个容器中。

这里给出了按服务划分示例和按数据划分示例，根据目的和方式，其划分方法也会有所不同。

驱动云服务的技术——云服务是这样运行的

云服务是这样运行的

第 5 章

» 驱动云服务的技术

构建技术与驱动技术的区别

第4章讲解的构建云服务的技术是以服务器的虚拟化技术和容器的开发技术为中心的,而且现在也在不断地进化当中。从这一层面来看,认为它们是支撑云服务商业和技术进步的基石可能会比较正确。

本章将要讲解驱动技术,如图5-1所示,其是在对多个企业和用户的大量的通信和数据请求进行处理的同时,确保**云服务一刻不停地持续运转**的技术。构建的技术可能会由于对新技术投入使用的时期不同,在各家提供商中的体现也会有所差别,但是由于大多数提供商是将开源软件作为基础软件,因此最多只需要一年左右的时间,这些差别基本上就会消失。

另外,驱动技术仍依赖于提供商的经验和知识的积累,仔细观察会发现,**每个提供商都有所不同**。有意思的地方在于,在互联网和API技术、数据中心运营、大规模系统的构建和运用的经验等方面,每个提供商都具有自己独有的与众不同的特色。

远超企业和组织规模的庞大数量的IT设备的管理

企业和组织管理的服务器的数量再多也不过几千台,而云服务提供商的大规模的数据中心中则设置了上万台服务器。因此,如果走进数据中心一探究竟,可以看到用于驱动大量IT设备的系统和技术是不同的(图5-2)。话虽如此,但即使在这一领域中,也开始掀起了**开放化的浪潮**。

另外,从近几年的发展趋势来看,使用云服务的企业和组织越来越倾向于区分使用多个云服务提供商,因此云服务提供商之间也正在试图与其他提供商进行合作,同时扩充具有差别化的服务。接下来讲解的内容中也会将这方面考虑进去。

图5-1 ...... 驱动技术

驱动云计算服务的技术
可以对大量的通信
和数据请求进行处理

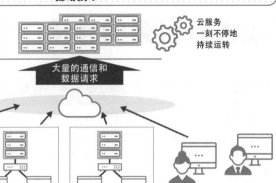

云服务
一刻不停地
持续运转

大量的通信和
数据请求

来自多个个人用户的
通信和数据请求

来自多个企业的通信和数据请求

图5-2 ...... 企业和组织与云服务提供商的驱动技术的差异

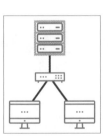

❶ 一般的企业和组织中,
员工人数 (用户数) 不会
出现急剧增长

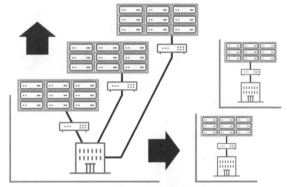

❷ 云服务提供商的数据中心里
管理着大量的 IT 设备。
随着业务规模的增长,
IT 设备的数量也持续增加,
数据中心本身的数量也会增加

❶ 和 ❷ 中的
系统和设备的架构及
运营所需的知识是不同的

第 **5** 章

驱动云服务的技术

知识点

🖉 驱动技术是一种使云服务一刻不停地持续运转的技术。

🖉 云服务提供商的数据中心中运转着大量的IT设备, 这与企业和组织的系统和知识储备不可同日而语。

» 接入云服务的连接

流行的网络连接方式

企业和组织使用云服务的网络连接方式中，最为流行的是 VPN。

VPN是在互联网上创建的虚拟专用网络，在作为数据发送端的企业和组织与作为接收端的云服务提供商之间建立虚拟的通道使双方进行通信（图5-3）。

使用VPN的理由之一是可以直接利用现有的网络达到控制成本的目的。VPN不仅可以用于连接云服务提供商，也可以用于公司和各节点之间的通信和员工远程办公的访问（图5-3）。

此外，如果是需要使用网页浏览器进行的处理，大多会使用HTTPS的SSL（Secure Sockets Layer，安全套接字协议）进行加密通信，但这主要用于个人连接的场合。

不断增长的专线接入

随着使用大规模系统的需求的不断增加，以及必须保证安全的数据增长，使用**专线**的案例在不断增加。

虽然使用专线需要与NTT集团、KDDI、软银等电信运营商签订合同，但是由于可以使用单独的专线，而无须与其他企业和组织共享线路，因此其具有高速且稳定的性能，而且几乎没有来自外部的窃听和篡改风险，被越来越多的企业和组织所采用。

实际上专线的常用场景是将云服务提供商的服务器与自己公司管理的服务器进行连接（图5-4）。这种在服务器之间的通信，**由于对性能和安全性这两个方面都有要求，因此其应用在今后可能还会不断增加。**

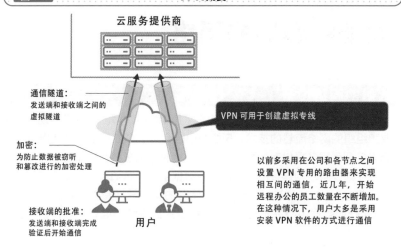

图5-3　VPN概要

云服务提供商

通信隧道：
发送端和接收端之间的
虚拟隧道

VPN 可用于创建虚拟专线

加密：
为防止数据被窃听
和篡改进行的加密处理

以前多采用在公司和各节点之间
设置 VPN 专用的路由器来实现
相互间的通信，近几年，开始
远程办公的员工数量在不断增加。
在这种情况下，用户大多是采用
安装 VPN 软件的方式进行通信

接收端的批准：
发送端和接收端完成
验证后开始通信

用户

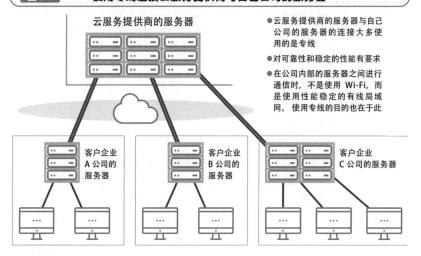

图5-4　使用专线连接云服务提供商与自己公司的服务器

云服务提供商的服务器

- 云服务提供商的服务器与自己公司的服务器的连接大多使用的是专线
- 对可靠性和稳定的性能有要求
- 在公司内部的服务器之间进行通信时，不是使用 Wi-Fi，而是使用性能稳定的有线局域网。使用专线的目的也在于此

客户企业
A 公司的
服务器

客户企业
B 公司的
服务器

客户企业
C 公司的
服务器

知识点

🖉 连接到云服务的线路通常会使用VPN。

🖉 将大规模的系统放到云端的需求，以及对性能和可靠性的需求，增加了专线的使用。

>> 数据中心端的网络

大量的网络设备

云服务提供商的数据中心内部使用了第4章中讲解的可以满足规模远超企业和组织的网络流量的技术。5-2节中也介绍了企业和组织是使用VPN或专线连接到云服务提供商的数据中心的。接收到请求的数据中心端会继续将请求发往处理互联网连接的路由器、在数据中心内将请求转发到不同目的地的核心交换机，以及控制服务器和存储器的交换器（有时也称为边缘交换机）。实际的数据中心并不会像图5-5所示的结构那样简单，而是会包含大量的交换机。

专用交换机与高速局域网

虽然数据中心中设置了大量的服务器，但是虚拟服务器却不一定都在同一台物理服务器中，因此越是增加服务器的数量，位于物理服务器之间的横向网络就变得越重要。

以前的数据中心，从用户到数据中心的服务器或存储设备的纵向网络的处理是需要面对的问题；而现在，从服务器到服务器的横向网络才是数据中心系统的焦点所在（图5-6）。

因此，数据中心采用的是比企业和组织的处理性能更高的**数据中心专用的交换机**，局域网也不是100Mb/s，而是**数十吉字节的局域网**。由于配备了高性能且稳定的网络基础设施，因此数据中心可以提供连接大量的服务器和海量用户的云服务。

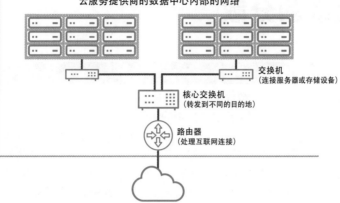

图5-5 数据中心内部网络概要

云服务提供商的数据中心内部的网络

交换机
（连接服务器或存储设备）

核心交换机
（转发到不同的目的地）

路由器
（处理互联网连接）

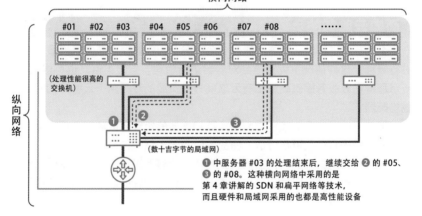

图5-6 横向处理使用高性能的硬件

横向网络

#01 #02 #03 #04 #05 #06 #07 #08 ······

（处理性能很高的
交换机）

纵
向
网
络

（数十吉字节的局域网）

❶ 中服务器 #03 的处理结束后，继续交给 ❷ 的 #05、
❸ 的 #08。这种横向网络中采用的是
第 4 章讲解的 SDN 和扁平网络等技术，
而且硬件和局域网采用的也都是高性能设备

![知识点]

✎ 云服务提供商的数据中心内部大量使用了可执行高速处理的专用交换机。

✎ 企业和组织目前主要使用的是100Mb/s的局域网，而数据中心内部已经
开始使用数十吉字节的局域网。

第**5**章 驱动云服务的技术

143

》 负载的分散

负载分散示例

在云服务提供商的数据中心中，直接签约使用的企业用户和这些企业的Web服务需要对虚拟服务器进行大量的访问。

以Web服务器为例，如图5-7所示，如果访问数量不多，一台服务器就足够使用；但随着访问数量的增加，就需要使用多台服务器将**负载分散**进行处理。通过多台服务器分散负载来提高处理性能和效率的方法称为负载均衡，而执行负载均衡的服务器和网络设备则称为**网络负载均衡器**。这在需要处理大量访问和通信请求的系统中是必不可少的功能。考虑到网络负载均衡器的作用，通常是将其设置在网关附近，数据中心中设置了多台网络负载均衡器用来处理大量的通信请求。

面向云服务的负载均衡器

4-7节中讲解过，容器中的系统会在多个云服务提供商中寻找最佳位置进行迁移，这种情况下编排器会对容器进行管理。与之类似，也有像图5-8所示那样在云服务提供商和私有云之间分散负载的专门用于云服务的网络负载均衡器。

虽然人们可能会比较注重网络负载均衡器的负载分散功能，但实际上其还发挥着事先将负载进行分散，将故障防患于未然的作用。

如果在对网络负载均衡器的设置场所和所有者进行了预估的基础上对其加以灵活运用，就可以像虚拟化技术那样通过开创性的思维，增加使用系统的自由度。

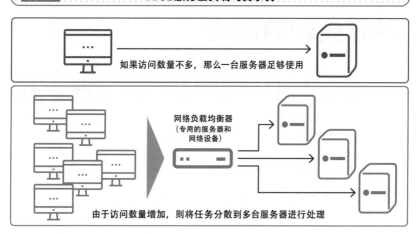

图5-7　Web服务器负载均衡示例

如果访问数量不多，那么一台服务器足够使用

网络负载均衡器
（专用的服务器和
网络设备）

由于访问数量增加，则将任务分散到多台服务器进行处理

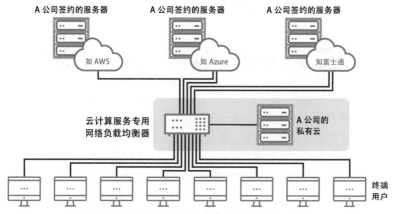

图5-8　面向云服务的负载均衡示例

A 公司签约的服务器　　　A 公司签约的服务器　　　A 公司签约的服务器

如 AWS　　　如 Azure　　　如富士通

云计算服务专用
网络负载均衡器

A 公司的
私有云

终端
用户

● A 公司同时使用了多家云服务提供商的服务器来提供 Web 服务，
网络负载均衡器会将用户引导到最合适的签约服务器中进行访问
● 在云服务提供商的系统中，负载分散也是至关重要的功能

知识点

∥可以使用网络负载均衡器分散服务器的负载。

∥正如有专门用于云服务的网络负载均衡器那样，网络负载均衡器也活跃在
各种不同的应用场景中。

第5章　驱动云服务的技术

145

» 并行处理的动向

运算处理的发展趋势与提供商提供的服务器

服务器中执行的大量的计算处理的发展趋势，已经进入在并行处理和使用高性能机器计算之间相互交替使用的中长期发展阶段。

直到2000年年末，由于高性能的服务器价格高昂，因此大多数企业使用多台便宜的服务器进行负载分散，并行地进行计算处理。**3-13**节中介绍的谷歌研发的Hadoop等就是在这一阶段中诞生的技术。

自2010年以后，由于虚拟服务器的出现和CPU性能的快速提升和发展，大家又逐渐返回使用高性能服务器进行计算处理的方式。但是，由于也需要Hadoop和Apache Spark进行大量的数据分析，因此云服务提供商就像图5-9所示那样，配备了低价、低性能，高价、高性能，以及价格和性能都是中档的用于大数据分析的服务器集群，用于提供服务。

核心数与线程数

在对目前最常用的服务器，即IA（Intel Architecture, Intel架构）服务器（也称PC服务器）进行估算时，主要是以CPU的核心数和线程数为中心进行估算的。简单概括，核心数就是指CPU芯片中集成了多少块CPU，而线程数则是指可以同时处理的软件数量（图5-10）。

近年来非常热门的**GPU**（Graphics Processing Unit, 图形处理器）不仅适合进行3D图形等图形图像处理的计算，也适合进行并行处理。与CPU相比，GPU集成的核心数往往多达数千个，因此可以实现高达100倍的计算速度。

由于高性能的服务器中安装了高性能的CPU或GPU，如果是普通的业务系统，即使系统规模很大，也不再需要使用多台服务器进行并行处理，因为我们已经进入了使用**单独的高性能服务器完全足够的时代**。

图5-9 云服务提供商提供的服务器与服务

●性能较低但价格便宜的服务器

●价格和性能都属中档的服务器

●高性能且昂贵的服务器（也可用于并行处理）

●海量的大数据分析服务

●由于使用了 Hadoop 等技术，因此无须使用过于昂贵的高性能服务器。其仅用于海量数据分析和特殊的运算处理中

如果是普通的业务和计算处理，即使系统规模很大，
使用这些产品线也已够用

图5-10 CPU的核心数与线程数

CPU
单核

业务系统 A

单核
单线程

业务系统 A

业务系统 B

单核
双线程

线程数量越多，就意味着
并行执行的处理越多

单核 双核

三核 四核

单核 双核

三核 四核

核心数越多，就意味着
物理 CPU 的数量越多

分别执行
一个线程的场合

分别执行
两个线程的场合

知识点

∥ 云服务提供商可以根据用户的需求提供不同价格和性能的服务器。

∥ 使用多台服务器的并行处理已经成为过去式，因为使用少数高性能服务器
进行处理的时代已经到来。

》 大量IT资源的管理

运用服务的确立

在提供云服务的数据中心中设置了大量的IT设备，运用了大量的软件，还对操作的服务内容进行了管理。这些设备和软件随着数据中心的发展，其性能也在不断提高，因此即使提供商不同，IT资源的管理也大致相同。

IT服务控制

IT服务控制根据作为用户的企业和组织的标准，或者经过单独商定的运用步骤，执行IT设备维护、数据备份、恢复运用等基础设施管理和安全防范措施等系统管理方面的操作工作（图5-11）。

公有云服务提供的是标准服务，而如果与单独的数据中心签订合同，则其提供的是有针对性的服务。

IT服务运营

为了实现系统的稳定运行，同时考虑到系统的重要性，服务商还会提供IT服务运营服务。其基本上是远程操作，通过重启和备份等标准的服务器操作，以及必要的任务操作和存储介质访问等操作确保系统稳定运行。越是重要的系统，对于这类操作的服务支持次数越多（图5-12）。

除此之外，作为可选的服务项目，服务商还会提供可以根据系统重要程度对必要的设备进行ping监控和数据库监控的服务。

服务控制和服务运营等后台服务之所以可以**以模式化的方式提供**，得益于那些在幕后支撑和驱动着云服务系统的技术，其为丰富和普及服务做出了不可估量的贡献。

图5-11 **IT服务控制概要**

IT 服务控制

基础设施管理	IT 设备维护	数据备份、恢复运用	IT 设备环境变更
系统管理	系统状态确认	安全防范措施	多云运用
个别用户管理	虚拟化基础运用	业务运用	故障排除

● 主要由基础设施、系统、个别用户管理三个层次组成
● 从用户角度看，用户有可能意识到也有可能意识不到这种管理模式

图5-12 **IT服务运营概要**

IT 服务运营

远程	服务器操作	任务操作	存储介质访问
	远程监控	实物监控	
监控	简易监控 （ping 监控等）	标准监控 （ping + 数据库等）	

在远程监控的基础上，同时提供屏幕监控服务

参考：ping 命令的显示结果示例（左为 Windows，右为 Linux）
ping 用于检查与指定的 IP 地址之间的连接状态

知识点

✐ 提供云服务所不可或缺的服务控制和操作已经模式化，它们都是背后支撑
和驱动云服务的技术。

≫ 大量服务器的管理

管理用网络

5-6节对IT资源管理进行了简单讲解，本节将进一步对更具体的服务器管理进行讲解。

有关物理服务器的内容，在**1-11**节已经对控制器进行了说明。每台服务器上都安装了业务上不可缺少的网络和用于管理的网络，**用于管理的网络和业务用的网络是不同的**。管理服务器由监控各个服务器的系统构成，这在现实中大规模的骨干系统中是常见的结构，但在小规模系统中几乎看不到（图5-13）。

运营监控也开源的时代

系统的物理结构中存在用于管理的网络，而且软件也逐步在实现开放化。

说到处于内部部署时代的系统和服务器的运行监控，日本国内市场占有率排第一位的是日立的JP1。但是近几年这一领域也在普及开源软件，越来越多的数据中心选择使用Zabbix和Hinemos。如图5-14所示为Zabbix概要。

Zabbix使用数据库保存监控数据，其不仅可以使用Oracle和IBM的Db2等商用数据库，也可以使用MySQL和PostgreSQL等开源数据库。

开源软件的浪潮不仅冲击着云服务的基础软件，也对**运营管理**产生了影响，如果工程师的水平较高，那么不仅可以免费使用绝大多数软件，而且可以构建和运用大规模的系统。可以说，我们已经进入了这样一个无所不能的时代。

图 5-13

管理用网络与运行监控服务器示例

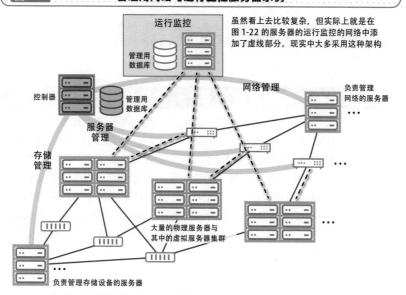

运行监控

管理用
数据库

虽然看上去比较复杂，但实际上就是在
图 1-22 的服务器的运行监控的网络中添
加了虚线部分。现实中大多采用这种架构

控制器

管理用
数据库

网络管理

负责管理
网络的服务器

···

服务器
管理

存储
管理

大量的物理服务器与
其中的虚拟服务器集群

···

···

负责管理存储设备的服务器

图 5-14

Zabbix概要

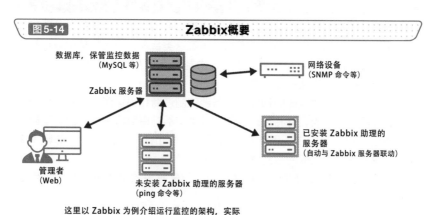

数据库，保管监控数据
（MySQL 等）

Zabbix 服务器

网络设备
（SNMP 命令等）

管理者
（Web）

未安装 Zabbix 助理的服务器
（ping 命令等）

已安装 Zabbix 助理的
服务器
（自动与 Zabbix 服务器联动）

这里以 Zabbix 为例介绍运行监控的架构，实际
上数据中心的运行监控软件大多都采用这种架构

知识点

🖉 存在用于管理大量服务器运行的管理专用网络。

🖉 数据中心的运行监控普遍开始使用开源软件。

第 5 章 驱动云服务的技术

151

≫ 大量服务器的故障排除

发生故障时的剥离运行

5-7节对运营管理进行了讲解。实际上，针对大量设备的故障排除与运营管理密切相关。因为对于大量的IT设备的管理，云服务提供商**并没有做到对每个角落100%进行管理的觉悟**。也就是说，并不是对任何东西都进行监控以确保万无一失，而是抱着"如果有什么问题将它解决就好"的想法。数据中心与一般的大型企业不同，其内部设置了几千甚至上万台服务器，因此其从一开始就没有想要针对所有的故障采取迅速的应对措施。之所以会有这样的想法，是因为已实现了服务器和网络设备的虚拟化，可以顺畅无阻地执行系统迁移操作（图5-15）。

IT设备的维护

当发生故障时，普遍采取的是剥离物理设备的方式。以前的做法是签订维护和技术支持的合同；而现在要么是不签这类合同，要么是低价返厂维修或更换。发生故障就自动剥离的设备，由制造商派人现场维修或返厂维修，也有选择直接丢弃设备的提供商。

但是，每次发生故障时都要对服务器的制造商和销售商，或者提供维修服务的公司进行说明，并将出现故障的设备交给制造商再去取回的过程确实很耗费工时和人工成本，因此从服务器的价格和数量、发生故障的频率来看，不同的提供商采取的应对措施也会不同。

为了在发生故障时能够顺利地应对，越来越多的网络设备开始采用**三机容错**配置方案（图5-16）。

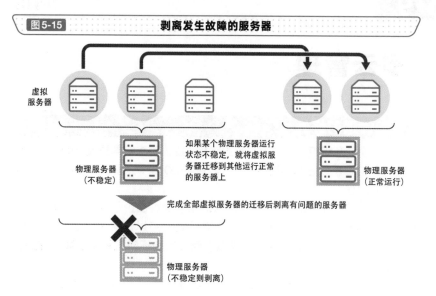

图 5-15 剥离发生故障的服务器

虚拟
服务器

如果某个物理服务器运行
状态不稳定，就将虚拟服
务器迁移到其他运行正常
的服务器上

物理服务器
（不稳定）

物理服务器
（正常运行）

完成全部虚拟服务器的迁移后剥离有问题的服务器

物理服务器
（不稳定则剥离）

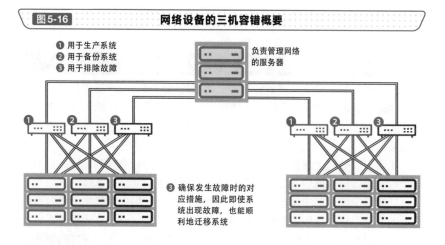

图 5-16 网络设备的三机容错概要

❶ 用于生产系统
❷ 用于备份系统
❸ 用于排除故障

负责管理网络
的服务器

❸ 确保发生故障时的对
应措施，因此即使系
统出现故障，也能顺
利地迁移系统

知识点

✎ 针对大量的服务器不要求采取完美的故障措施，而是采用剥离方式来应对。

✎ 为了在发生故障时能够顺利地迁移虚拟服务器，越来越多的网络设备开始
选择采用三机容错配置方案。

第 **5** 章

驱动云服务的技术

153

» 多云管理

多云管理的好处

随着企业和组织中使用云服务的普及，企业和组织需要制定管理多样化的云服务的方针。在这种背景下，人们对 **4-20** 节中介绍的服务管理的认知也在不断增强。

由于云服务开始是可以免费或者低价使用的，由企业中的相关部门主导的导入服务也容易执行，因此如果在某个时间点以企业为单位进行整理，就会发现有些企业**同时使用了多个提供商的各种不同的服务，其内部是杂乱无章的状态**。

因此，由信息系统部门或经营管理等熟悉IT的部门对云服务整体进行集中管理，可以达到强化管治、高效运用和优化费用成本的目的（图5-17）。

公有云和私有云也可以放在一个圈里

现实中是分阶段进行多云管理的。可以先通过设置**门户站点**的方式将各部门的使用状况可视化；接着制定使用云服务的管理方针，依照基准进行使用（图5-18）。另外，行政部门也可以根据制定的方针对合同和申请进行可视化管理。

如果可以做到上述管理，就可以对云服务整体进行有效的使用，也可以实现对云服务提供商的管理和分类，或者对新的提供商进行选择。

针对从可视化到申请和使用的服务管理，一部分提供商是将其作为系统提供的，可以将这类服务集成到自己公司的私有云中，作为多云管理系统使用。即使将系统化的问题先放在一边，作为用户而言也应该有这样的想法。

图5-17　　　　　　　　　　　　　**多云管理的目的**

集中化管理可以实现如下功能

> **IT 管治的维持与强化**
> ● 基于自己公司的 IT 策略运用云服务
> ● 确保系统运用遵循公司的安全策略

> **云服务运用的效率化与正规化**
> ● 对每个部门的运用状况进行可视化
> ● 将系统使用的申请和批准流程规则化

> **优化费用成本**
> ● 计费系统的可视化和根据运用状态及时调整
> ● 推进系统运用时能够有意识地控制费用成本

图5-18　　　　　　　　　　　　　**多云管理的步骤**

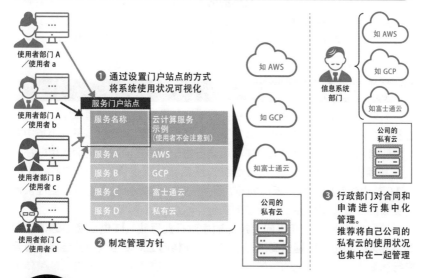

知识点

    ✎ 不断增加各种云服务的使用，可能会造成企业内的云服务处于杂乱无章的状态。

    ✎ 可以分阶段地将多个提供商提供的服务和自己公司的私有云集中在一起，实现多云管理。

» 云服务提供商的目标

大型云服务提供商：两种架构

全球云服务行业的巨头包括亚马逊、微软、谷歌。行业巨头持续不断地扩充先进的服务，旨在让客户企业只选择一家公司就能应对所有的需求。也就是说，他们的宗旨是成为用户心目中排名第一的供应商，且是唯一的选择。

以成为行业巨头为目标的富士通、IBM、NTT通信、软银等公司不仅期望成为用户的第一选择和唯一选择，还期望成为行业巨头的销售合作伙伴。因此，以成为行业巨头为目标的提供商还致力于为用户提供以多云计算为前提的解决方案。从云服务市场整体的盛况来看，排在第三位之后的提供商们为了争夺排名，展现的是排名互换的"战国时代"的状态。当然，除了上述企业之外，还有很多业绩良好的准大型企业和中型企业（图5-19）。

提供商和服务的选择轴

另外一个有趣的问题是，云服务提供商是专注于提供公有云服务，还是注重为个别企业提供构建私有云的支持？在出现云服务之前，系统市场中的IT供应商和通信运营商的地位是不可动摇的，因此它们可以灵活运用以往经验，利用自己的优势为企业和组织构建私有云提供强有力的支持。正如**1-16**节中讲解的，私有云市场正在蓬勃发展，因此为每个用户企业提供提升业绩的商业模型是完全有可能的。

如图5-20所示，**在纵向上按照顺序对行业巨头、IT供应商、通信运营商、准大型和中型的提供商进行了整理，在横向上对使用公有云还是私有云进行思考**也是十分有趣的。如果再将合作伙伴的关系也考虑进去，从整体上分析提供商和服务应该就能找到最佳的使用方案。

图5-19 大型提供商的目标

旨在成为用户的第一选择和
唯一选择的行业巨头

amazon
亚马逊

Microsoft
微软

Google
谷歌
...

以用户的第一选择和唯一选择为目标
但也致力于多云服务的提供商

合作伙伴

FUJITSU
富士通

IBM
IBM

NTT Communications
NTT
通信

SoftBank
软银

NIFCLOUD
富士通云
...

- 一面是行业竞争者，一面是行业巨头的合作伙伴企业
- 除了上述企业外，还有很多业绩良好的准大型企业和中型企业
- 在全球市场中，中国的阿里巴巴等企业也处于行业领先地位
- 日本国内亚马逊、微软是双巨头，第三名则一直在轮换处于"战国时代"

图5-20 云服务提供商选择轴

公有云　　　公司私有云

行业巨头
- 以公有云为主
- 先进且丰富的服务

IT供应商
- 公私皆可
- 也提供私有云构建服务

通信运营商
- 以提供私有云构建服务为主
- 具有通信费用和网络优势

准大型、中型
- 公私皆可
- 特色服务

- 对比不同供应商的商业策略和商业模式，有时通过合作伙伴签约在总体价格上更有优势。目前也出现了专业的私有云供应商

知识点

✎ 如果理解了旨在成为用户第一选择和唯一选择的提供商，以及以提供多云服务为目标的提供商的战略和目标，就会发现云服务行业中更深层次的趣味性。

✎ 在讨论导入公有云时，建议留意云服务提供商的合作伙伴的关系。

开始实践吧

思考适合边缘计算的应用场景

　　本章对网络负载均衡器通过分散负载防止性能下降和发生故障的技术进行了讲解。除此之外，本章还介绍了将服务器的一部分处理拆分出来，代理执行服务器与客户之间的一部分处理的做法。另外，还有一种被称为边缘计算的技术，其在正文中没有进行相关的讲解。边缘计算可以代理一部分服务器执行的处理，对Web和物联网而言是不可或缺的技术。不在云端服务器上处理所有的任务，而是采取在自己的网络中设置边缘计算的方式可以减轻服务器的负担。

边缘计算应用场景示例

文件服务器示例

　　文件服务器中的部分文件的临时浏览和更新频率能比较高，可以将这些文件放到网络的边缘服务器中。

系统架构示例

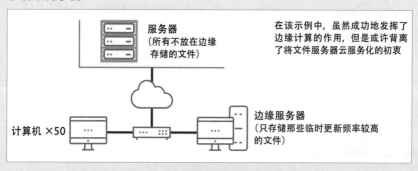

服务器
（所有不放在边缘存储的文件）

在该示例中，虽然成功地发挥了边缘计算的作用，但是或许背离了将文件服务器云服务化的初衷

计算机 ×50

边缘服务器
（只存储那些临时更新频率较高的文件）

　　此外，边缘计算可以发挥作用的场景包括数据的删除和分类、基于人工智能对图像进行识别、加急处理和信息发送等。边缘计算的使用今后还会继续扩大，在讨论系统的导入时，请读者不要忘记这种上下方向的思考方式。

云服务的安全性——

概要与对策

第 **6** 章

» 了解可能存在的风险

现实性的威胁

正如之前所讲解的，与自己公司的运营系统相比，云服务在各个方面都具有更多的优势。

但是，由于是与多数且各种不同的用户一起使用服务器和网络设备，而不是在公司内部进行管理，因此可能**会遇到非用户原因的问题**。其中可以预见的最大的问题是：**服务的（暂时性的）停止**和非法访问等安全风险。

服务的暂时停止，与其说是外部原因，不如说是服务器和网络负载过大等导致的系统故障问题。有些使用云服务的企业可能会突然增加数据量的处理，或者服务器的访问量激增，这种处理数量堆积起来就会给大量服务器中的一部分服务器造成很大的影响。

为了以备不时之需，可以采取在不同场所设置物理设备和实现系统的双重容错机制，或者时常注意进行备份以防万一（图6-1）。

安全问题的解决

虽然最常见的问题是服务停止，但是因数据泄露和被攻击造成系统异常的安全风险也不是完全没有。

与内部部署的服务器相比，云服务中有大量的用户访问，因此被怀有恶意的第三方攻击或窃听的概率也会略高，在后面的内容中会讲解云服务提供商针对安全风险采取了各种不同的防范措施。

有关安全方面，建议不要完全交给云服务提供商来处理，可以先探讨自己公司内部之前是如何防范的、内部部署时做了什么防范措施等，明确这些内容之后，再来讨论云服务的**安全性治理**和安全策略会比较妥当（图6-2）。

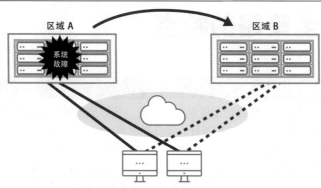

图6-1　　　　服务停止的防备措施示例

在区域 B 中设置备份系统，实现双重容错机制，一旦区域 A 中的系统发生故障，可以立即切换

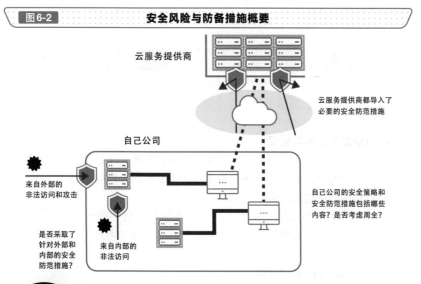

图6-2　　　　安全风险与防备措施概要

云服务提供商

云服务提供商都导入了必要的安全防范措施

自己公司

来自外部的非法访问和攻击

是否采取了针对外部和内部的安全防范措施？

来自内部的非法访问

自己公司的安全策略和安全防范措施包括哪些内容？是否考虑周全？

知识点

∥在使用云服务时可能会遇到因云服务提供商造成的服务停止情况，因此需要采取预防措施。

∥公司自己需要确认之前采取了什么安全措施和解决方案，以应对包括安全在内的各种风险。

》 安全策略的特点

信息安全策略概要

　　企业和组织一般会制定信息安全策略（统称**安全策略**），其中规定了组织结构中信息安全的对策和方针、操作指南等内容。不同的企业和组织的商业模式和业务内容不同，可以根据各自特有的信息系统资产有针对性地制定相关方针。近年来发生了多起大型企业的信息泄露等事故，因此企业变得比以前更加重视安全策略。如图6-3所示，企业和组织的信息安全策略是由基本方针、对策基准、实施步骤构成的三层金字塔结构。

　　企业和组织在导入私有云系统时，可以根据企业现有的安全策略推进安全防范措施的实施。

云服务提供商的安全策略的特点

　　虽然云服务提供商执行的安全策略和其中的实施步骤也存在与企业和组织共通的部分，但仍有以下几个要点需要注意（图6-4）。

- ● **积极获取第三方认证资质**

　　期接受多个正式的第三方机构的审核并公布评估结果，以显示其可信度。一般的企业并不会将获取多方认证资质作为目标。

- ● **对数据中心的位置保密**

　　国外的提供商通常不公开，而日本国内的提供商一般会公开。当然，选择不公开会更加安全，但对于签订合同的使用方来说，对数据中心完全不知情会感到不安。

- ● **严格控制员工的访问权限**

　　设置访问权限的效果非常好，但是系统构建困难成本也高。然而，如果内部安全崩溃，企业就无法正常开展业务，因此对于服务提供商而言这是必选项。

图6-3　企业和组织的信息安全策略的内容

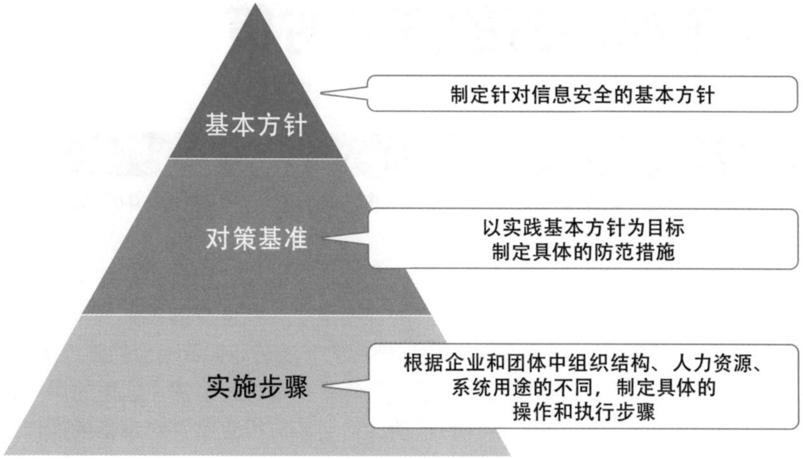

基本方针 — 制定针对信息安全的基本方针

对策基准 — 以实践基本方针为目标
制定具体的防范措施

实施步骤 — 根据企业和团体中组织结构、人力资源、
系统用途的不同，制定具体的
操作和执行步骤

图6-4　云服务提供商的安全策略的要点

积极获取第三方认证资质
- 以 ISO 27001 为代表的各种第三方认证
- 在各大服务提供商的网站上可以看到大量的认证标识，特别是 AWS 和 Azure 等云服务提供商，获取认证资质很积极

对数据中心的位置保密
- 国外提供商通常不公开，日本国内提供商一般会公开
- 与具体的治安条件和商业习惯有关

严格控制员工的访问权限
- 虽然这样的系统安全效果很好，但构建困难，成本也更高
- 如果内部安全崩溃，企业就无法正常开展业务，因此对于服务提供商来说这是必选项

知识点

⟋企业和组织应当在遵循安全策略的前提下探讨云服务的导入。
⟋云服务提供商的安全策略具有积极获取第三方认证资质等特点。

≫ 面临威胁时的安全对策

企业对于非法访问的对策

企业和组织通常根据安全策略，以**非法访问**的防范对策为中心采取相应的安全对策。

如果有来自外部的对系统和服务器的非法访问，数据就会存在可能泄露的风险。如果泄露的数据中包含用户的保密信息，则造成的损失是不可估量的。因此，为了以防万一，需要对来自外部的非法访问采取相应的防范措施。

图6-5展示了企业和组织中主要的安全威胁和对策示例，这里的用户是指从属于组织中的每个人，系统有可能会对日志进行查看并对设备的操作进行监控。

云服务提供商的安全措施覆盖面很广

云服务提供商的安全对策与企业和组织中使用的不太相同。

系统和服务器的部分由于是共享使用的，因此需要加强防范措施，但是其内部的虚拟环境，即用户部分有所不同。由于连接到云服务的设备和终端并不归云服务提供商所有，因此云服务提供商与企业和组织可采取的措施有所区别。例如，有些企业会检查是否有U盘连接到公司的计算机上，但是云服务提供商很难进行此类管理。

另外，**云服务是通过互联网连接提供服务的，因此针对企业的来自外部的非法访问采取的是强化措施，当然也同样重视针对来自外部的攻击和入侵的对策**。一部分有名的大型企业也采取了相同级别的安全防范措施，包括对发送大量的数据以迫使服务器停机、**有针对性的攻击**、钓鱼欺诈网站等带有恶意的攻击采取的措施（图6-6）。

对于那些每天都有几万人访问的企业网站，其中至少有十分之一的访问可能带有恶意攻击。我们应当在这些事实的基础上，对云服务提供商的安全对策进行确认。

图6-5 企业和组织中主要的安全威胁和对策示例

对象	威胁性/人的	安全性	对策示例
系统或服务器	技术性威胁	来自外部的非法访问	● 防火墙 ● DMZ ● 设备之间通信的加密
用户	人的威胁	来自内部的非法访问	● 用户管理 ● 访问日志的确认 ● 设备操作的监控
数据	技术性威胁	数据泄露	便携式介质的数据加密

※ 除了上述安全隐患外，系统在整体上还面临着计算机病毒的威胁问题

图6-6 云服务提供商的安全措施

企业和组织中可能遭受的外部和内部的非法访问

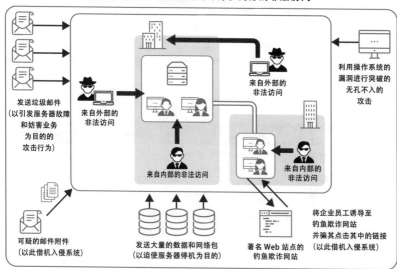

- 云服务提供商实施的安全防范措施范围广泛，能有效抵御上述恶意的有针对性的攻击
- 一部分大型企业也采取了相同级别的安全防范措施
- 近年来有些企业设置了专门的网络安全中心

知识点

✎ 云服务提供商的安全对策与企业和组织相比覆盖范围更广。

✎ 由于需要连接互联网，因此企业也采取了防范外部攻击和入侵的对策。

» 安全对策的物理性架构

防火墙——第一道安全屏障

6-3节讲解了云服务提供商的安全对策的覆盖范围要比企业和组织更广。为了便于理解，下面介绍其物理结构。

如图6-7所示，在前台设置了针对互联网安全的防火墙，在防火墙与内部网络之间设置了缓冲地带（Demilitarized Zone，DMZ）；经过缓冲地带之后，再进入内部的网络，其中设置有网络负载均衡器，其功能是分散负载；然后连接到控制器和实际与用户签约的服务器集群。

通常企业和组织的系统也会导入防火墙和缓冲地带机制，但是根据企业规模的不同，采用将每种功能设置成单独一台服务器的架构的情况比较常见。另外，拥有大量服务器的数据中心则会采用**根据每种功能分别设置多台设备和服务器**的架构。

防火墙之后的安全堡垒

6-3节中讲解的应对安全方面的威胁在现实中基本会设计成在防火墙和缓冲地带中进行排除的方式。

图6-8为将图6-7横向放置，可以看到防火墙和缓冲地带是横向排列的。类似这样通过划分几个层级的结构进行防御的做法称为**多层防御**。

防火墙并不会阻止所有访问，对于特定的发送者和接收者的IP地址和协议会直接放行。**6-6**节会对缓冲地带进行详细讲解，它实际上由多台服务器等设备构成，可以应对各种安全方面的威胁。

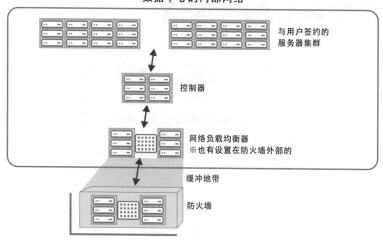

图6-7 从安全的角度看物理结构

数据中心的内部网络

与用户签约的
服务器集群

控制器

网络负载均衡器
※也有设置在防火墙外部的

缓冲地带

防火墙

图6-8 防火墙与缓冲地带的作用

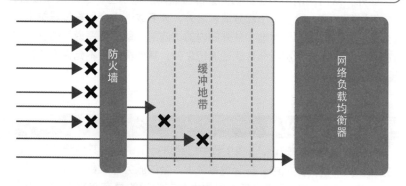

● 对于特定的发送者和接收者的 IP 地址和协议，防火墙会放行
● 对于非法攻击和带有恶意的攻击，防火墙和缓冲地带会阻止
● 按照事先制定的规则对允许访问的正常数据放行

知识点

⫸ 在云服务中，用户的访问请求在到达服务器之前会先经过防火墙和缓冲地带。
⫸ 多层防御结构中，防火墙并不会阻止所有的访问。

≫ 数据中心的"城墙"

内部与外部的访问策略

说到互联网的安全，相信大家脑海里首先浮现出来的肯定是**防火墙**这个词。防火墙是**管理企业和组织内部的网络与互联网边界的通信状态并保护系统安全的机制的统称**。

从图6-9中可以看到，防火墙的功能是存储在物理服务器中的，它其实是一个防火墙服务器。图6-9上方是从企业和组织的内部向外访问互联网时防火墙的定位。

如果是小规模企业，其防火墙可能只是一台专用的路由器，或者是在客户端看来是代理互联网通信的代理服务器，或者是与其他功能集成在一起的一台服务器。

此外，从内部网络发出的访问外部互联网的请求基本上采取"性善说"的立场进行对应，除了一小部分请求之外，大多数请求会尽量设置关卡，这是当前的主流做法；相对地，从外向内的访问则采取"性恶说"的立场进行对应，除了一部分情况会允许认证通行之外，其他情况是不允许通信访问的（图6-9下方）。

数据中心的防火墙

有关数据中心的知识，**1-11**节中已经进行了讲解，其中设置了大量的服务器。大规模的数据中心甚至设置了上万台的服务器集群，以及掌管这些服务器的通信的大量网络设备，因此也存在物理的**具有防火墙功能的多台服务器**。

由于服务器在物理上是安装在机架中的，因此很难判断哪一台设备发挥的是防火墙的功能，但是在想象中就是如图6-10中所示那样的厚厚的墙壁的样子。与企业设置的防火墙相比，仅数量多就让人感觉很放心。

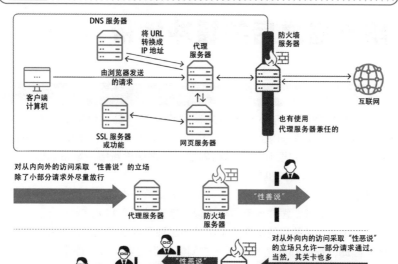

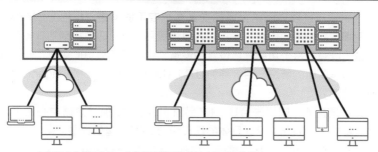

图6-9 从企业和组织的内部定位防火墙

DNS 服务器

将 URL
转换成
IP 地址

代理
服务器

防火墙
服务器

由浏览器发送
的请求

客户端
计算机

互联网

也有使用
代理服务器兼任的

SSL 服务器
或功能

网页服务器

对从内向外的访问采取"性善说"的立场
除了小部分请求外尽量放行

代理服务器

防火墙
服务器

"性善说"

"性恶说"

"性恶说"

"性恶说"

防火墙
服务器

对从外向内的访问采取"性恶说"
的立场只允许一部分请求通过。
当然,其关卡也多

图6-10 防火墙的不同规模

- 有的企业存在让同一台服务器同时扮演防火墙角色的做法
- 数据中心中使用大量的服务器和网络设备,组成了铜墙铁壁般的防御系统

知识点

✎ 防火墙是内部和外部网络的边界,是保护系统安全机制的总称。

✎ 数据中心使用多台服务器和网络设备作为防火墙,组成了铜墙铁壁般的防御系统。

≫ 防火墙之后的缓冲地带

缓冲地带的结构

虽然防火墙位于内部网络与外部网络的交界处，但是由于外部请求（互联网）→ 防火墙→内部网络这个访问过程是有风险的，因此为了防止内部网络被入侵，还需要在防火墙和内部网络之间设置缓冲地带。缓冲地带是一种保护内部网络的机制。

日本较大的城堡一般设计有2~3层的护城河，主城堡的外围设有第二道城墙和第三道城墙，缓冲地带具有类似的结构（图6-11）。

设置缓冲地带的目的是在网页服务器出现了安全问题时，不会危及内部网络。因此，在内部网络和互联网之间需要设置多个缓冲地带。如图6-12所示，缓冲地带可以增加用于加强安全功能的硬件来实现，也可以通过软件控制来实现。

缓冲地带是专用的网络

缓冲地带是连接到防火墙的**安全系统专用的网络**，也称为DMZ网络。为了发挥缓冲地带的作用，在物理**入口设置具**有安全防范功能的服务器和网络设备。既有按每个功能分别设置的设备，也有将所有功能集成在一台服务器或专用设备中的情况，后者称为UTM（Unified Threat Management，统一威胁管理）。

如果是企业，则用一台UTM产品就足以应对；但是数据中心由于网络通信流量较大，因此会根据具体的规模增加UTM设备的数量。

下一节将对构成DMZ网络的入口的主要功能进行讲解。

图6-11 　　　　　　　　　　**将缓冲地带比喻成城堡**

就像为了保卫城堡需要构建很多层城墙和护城河一样，
为了保护内部网络可以设置缓冲地带

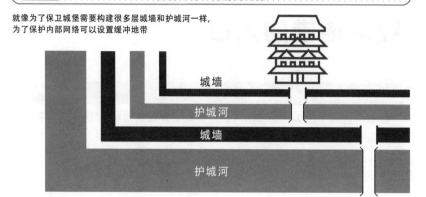

图6-12 　　　　　　　　　　**缓冲地带的两种传统实现方式**

设置类似
城堡的城墙
和护城河的
物理硬件

针对不同的地域
采取类似英语、
日语、中文等不
同的语言改变
软件的操作步骤
的方式以达到
防止非法入侵
的目的

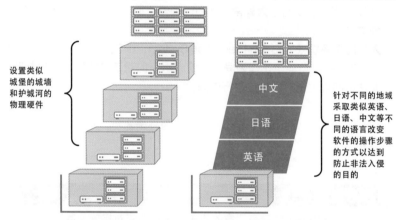

- 缓冲地带原先有使用硬件对防火墙功能进行增强和使用软件对访问进行控制这两种方法，现在还可以使用虚拟化技术来实现
- 由于企业和组织自己构建缓冲地带的难度很高，因此在云服务初期，能提供缓冲地带功能非常难得

知识点

- 防火墙和内部网络之间设置了缓冲地带。
- 缓冲地带实际上是安全系统专用的网络，在入口处设置了具有安全防范功能的服务器。

» 缓冲地带的入口

防止攻击和入侵的系统

6-6节讲解了在缓冲地带的入口处设置了多台类似UTM这样的具有安全防范功能的设备。下面将以具体的示例进行说明。

由于原本就是要防范来自外部的攻击和入侵，因此缓冲地带的前端通常由下面这几种系统构成（图6-13）。

- **入侵检测系统**（Intrusion Detection System，**IDS**）

  正如日常生活中的监控是用来监测异常行为一样，该系统会将预料之外的通信活动判断为异常。作为一项安全防范措施，IDS用来识别各种攻击行为。

- **入侵防御系统**（Intrusion Prevention System，**IPS**）

  IPS拥有自动阻止作为异常被检测出来的通信的机制，如果判断为非法访问或攻击，则无法进行访问。

这些系统一般使用IDS、IPS、IDPS等简称来表示，它们发挥着极为重要的作用。

日志分析的价值

针对图6-6中展示的带有恶意的攻击而采取的应对措施，除了IDS、IPS之外，还包括之后将要讲解的反病毒策略和邮件的确认。

此外，为了使IDS、IPS等系统能够充分发挥安全防范功能，**积累和分析过去的非法和带有恶意的通信日志**非常重要，因为可以根据分析结果来准确判断该通信是否为攻击（图6-14）。

各个云服务提供商具备分析这些日志的专业知识。在数据中心和云服务基础软件标准化的发展过程中，网络技术和系统开发方面表现出众的企业之所以可以作为提供商依然保持屹立不倒的地位，也是因为它们拥有面面俱到的知识储备。

图6-13 **DMZ网络的结构示例**

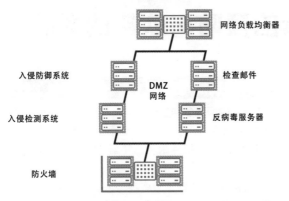

网络负载均衡器

入侵防御系统

检查邮件

DMZ
网络

入侵检测系统

反病毒服务器

防火墙

布置在防火墙之后的 DMZ 网络中，具备各种不同功能的服务器摆放
在一起，放在不同的机箱内是为了便于强化防范措施。在一般的企业
中，可能将所有功能集中在一个机箱内，作为 UTM 使用

图6-14 **对安全方面极为重要的通信日志进行分析的系统**

❷ 将分析结果反馈到后续的 IDS/IPS 等处理中

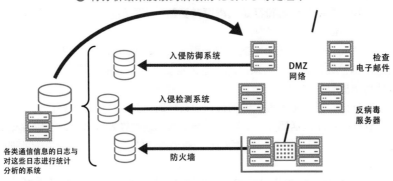

入侵防御系统

检查
电子邮件

DMZ
网络

入侵检测系统

反病毒
服务器

防火墙

各类通信信息的日志与
对这些日志进行统计
分析的系统

❶ 向分析系统提供日志

云服务提供商拥有专门用于分析日志的数据库系统，这也是安全防范
的关键措施

知识点

✎ DMZ的入口设有IPS和IDS。

✎ 通信日志分析作为重要的防范手段，是云服务提供商构建安全防范措施
的基础。

» 病毒的预防与软件的更新

云服务提供商的反病毒策略

虽然系统感染病毒的原因多种多样，但大多是由于用户的行为不当导致的。

媒体报道中也经常会提到，病毒感染原因包括浏览外部网站、点击邮件正文中的网站链接、打开邮件附件、下载程序，以及连接了U盘等存储介质。

从云服务提供商的角度来看，只要在云服务的连接范围之内切实地做好反病毒对策即可，因此现实中云服务提供商与企业和组织中设置的反病毒服务器是差不多的。

反病毒服务器的功能

如图6-15所示，反病毒服务器与提供防病毒软件的公司的服务器进行联动，以**获取最新的病毒特征定义程序并更新**，再将最新的病毒特征定义程序更新到需要使用的服务器中。

正如在**3-8**节中所讲解的，对于那些签订了VDI服务的企业和组织，即便是虚拟台式计算机，其采用的也是经常更新的最新的病毒特征定义程序，因此可以放心使用。

同样地，提供防病毒软件的公司也会随时对其软件进行更新。

软件的更新包括添加新的功能和升级版本这类性能提升，以及确保稳定运行的Bug修正等（图6-16），同时也具有消除软件产品的漏洞（Vulnerability）的含义。

采用Windows操作系统的计算机会通过Windows Update下载并应用更新程序，云服务和VDI则可以在用户毫无意识的情况下更新到最新版本，因此使用非常方便。

图6-15　反病毒服务器概要

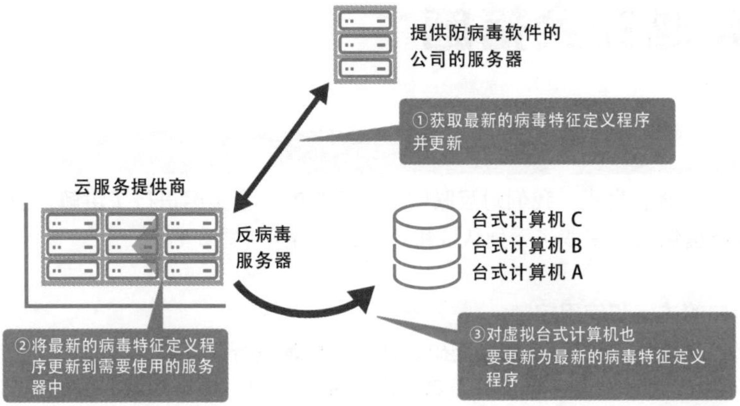

提供防病毒软件的
公司的服务器

①获取最新的病毒特征定义程序
并更新

云服务提供商

反病毒
服务器

台式计算机 C
台式计算机 B
台式计算机 A

②将最新的病毒特征定义程
序更新到需要使用的服务
器中

③对虚拟台式计算机也
要更新为最新的病毒特征定义
程序

图6-16　软件更新概要

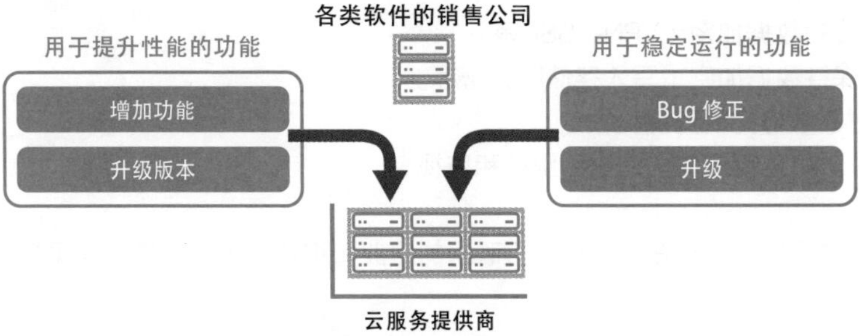

各类软件的销售公司

用于提升性能的功能

增加功能

升级版本

用于稳定运行的功能

Bug 修正

升级

云服务提供商

小知识：Patch（补丁）
是指对操作系统或应用软件的程
序进行局部修复，以及用于执行
这一修复操作的程序或数据，有
时也被称为升级

小知识：PTF（Program
Temporary Fix，批量修复）
是指对软件中存在的错误进行批
量修复的程序或数据，提供用于
添加新功能和批量修正软件缺陷
的功能

小知识：PUF（Program
Urgent Fix，紧急修复）
是指对于那些来不及等待正式补
丁发行的，紧急程度比较高的软
件问题和系统漏洞进行修复的程
序或数据

知识点

🖊云服务提供商采用的反病毒策略与企业和组织的是相同的，总会获取最新
的病毒特征定义程序并更新使用。

🖊软件产品也会随时更新，对漏洞也采取了相应的补救措施。

» 其他安全措施

一般的安全策略

到 6-8 节为止，我们对互联网通信特有的安全策略进行了讲解。当然，云服务提供商也采取了下列认证和数据保密对策（图6-17）。

- 用户的访问和使用控制
  - 认证功能：通过用户名、密码、证明材料等进行认证。
  - 用户权限：为管理者、开发者、小组成员等提供角色权限，根据业务需求分配角色（主要是在数据中心内部），也可以称其为基于角色的访问控制。
- 数据保密
  - 传输数据加密：VPN、SSL等。
  - 保管数据加密：写入存储时加密等。
- 对非法访问的监视和跟踪

  对可疑用户的访问进行跟踪和监视。

这些防范措施在当今使用互联网的企业和组织的系统中也是常见且不可或缺的。

严格的服务器访问控制

云服务提供商的访问控制系统会监控在数据中心工作的员工从认证到访问是否在依照安全策略执行。

访问控制的系统由管理和认证用户的目录服务服务器、控制访问的访问权限机构、确认是否正确访问并记录日志的监察机构等部分构成（图6-18）。

一部分大型企业也导入了这样的访问控制系统，采取了**周密的防御措施**。

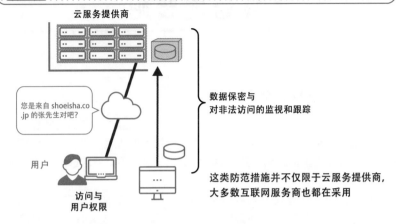

图 6-17 互联网服务中采用的安全防范措施

云服务提供商

您是来自 shoeisha.co.jp 的张先生对吧?

用户

访问与用户权限

数据保密与对非法访问的监视和跟踪

这类防范措施并不仅限于云服务提供商,大多数互联网服务商也都在采用

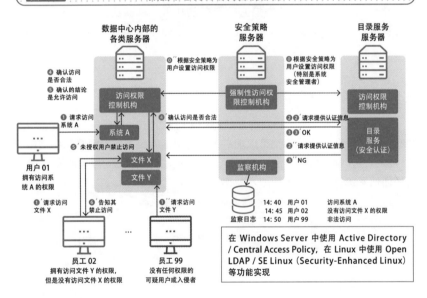

图 6-18 数据中心内部访问控制示例

数据中心内部的各类服务器

安全策略服务器

目录服务服务器

⑩ 根据安全策略为用户设置访问权限

⑩′ 根据安全策略为用户设置访问权限(特别是系统安全管理者)

④ 确认访问是否合法
⑤ 确认的结论是允许访问

访问权限控制机构

强制性访问权限控制机构

访问权限控制机构

❶ 请求访问系统 A

系统 A

④′ 确认访问是否合法

②② 请求提供认证信息

目录服务(安全认证)

⑤′ 未授权用户禁止访问

文件 X

③③ OK

文件 Y

②′ 请求提供认证信息

③′ NG

用户 01
拥有访问系统 A 的权限

监察机构

❶ 请求访问文件 X

⑥′ 告知其禁止访问

❶′ 请求访问文件 Y

14:40 用户 01 访问系统 A
14:45 用户 02 没有访问文件 X 的权限
14:50 用户 99 非法访问

监察日志

员工 02
拥有访问文件 Y 的权限,但是没有访问文件 X 的权限

员工 99
没有任何权限的可疑用户或入侵者

在 Windows Server 中使用 Active Directory / Central Access Policy,在 Linux 中使用 Open LDAP / SE Linux (Security-Enhanced Linux) 等功能实现

知识点

🖉 由于云服务提供商需要使用互联网,因此会采取通用的安全防范措施。

🖉 对在数据中心工作的员工运用了严格的访问控制系统。

开始实践吧

非功能性需求与安全

　　虽然非功能性需求是可用性、性能、运用、安全这类模糊的概念，但其对于系统而言是必不可少的。但是，由于云服务的普及，这一情况也在发生转变。例如，安全管理和运营这类已经成为安装或不安装的选项，可以根据功能进行选择。

　　除此之外，还有在本章中讲解的IDS、IPS、反病毒策略、邮件确认，以及日志分析和针对Web应用软件的防火墙等。有一些IDS、IPS是包含在针对许多计算机的攻击（DDos攻击等）对策中的。当然，是否有必要安装取决于业务内容，如果认为是必须具备的功能，那就应当考虑进行安装。在这种情况下，首先需要考虑的是图6-6所示的那些来自外部和内部的非法访问。

发现安全威胁的示例

　　以图6-6为例，对实际的安全威胁和设想到的威胁进行标记，或者将其圈起来，如果有新的威胁也可以加进去。到目前为止，作为很多示例使用的文件服务器，标记集中在图中圆角四边形的范围应该就足够了。但如果是网站和通信系统，需要标记的地方就比较多了。

企业和组织中可能遭受的外部和内部的非法访问

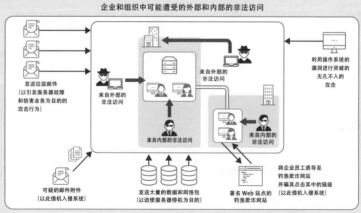

178

第 7 章

云服务的导入——

准备导入环境

» 云服务开箱即用

选择题与标准答案

当想要使用云服务时，只需在云服务提供商的网站中输入必要的信息即可。虽然申请使用云服务后马上就能使用非常方便，但需要针对各个提供商通用的"选择题"事先准备好自己的"标准答案"（图7-1）。

如果是内部部署场合，因为需要设置各种设备，是处在移动的世界，所以可以利用每个工序和进度的时间进行思考。但是云服务是不需要移动设备的，只需要根据步骤在网页上进行选择或输入即可。虽然个人试用不设置相关标准也没有太大问题，但如果是企业和组织申请使用，情况就不一样了。

常见问题与解答

针对云服务提供商提出的问题的通用的详细答案将在第8章进行讲解，大概包括以下内容（图7-2）。

- **服务器和系统的设置地点**

  称为区域和可用区。

- **服务器等设备的性能**

  根据性能估算选择接近预期的性能。

- **备份的位置和方法**

  一般是在与生产系统不同的位置，备份方法比内部部署容易。

- **使用VPC时网络应采用的架构**

  将虚拟的私有云网络定义为房间，而不是箱子。这是一个比较难的问题。

由于其中还包含较难的问题，因此需要事先进行预习。

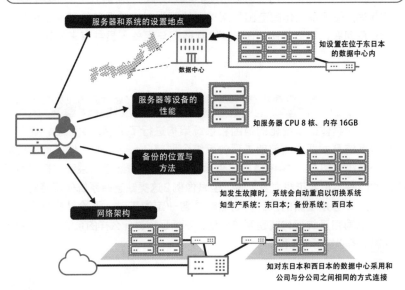

图7-1 从云服务的申请到使用

云服务提供商

如选择将系统设置在哪个地区的数据中心内

用户

根据云服务提供商网站中的问题进行回答（选择题较多）

云服务提供商的数据中心

用户

● 依次输入答案后，可以立即开始使用系统

● 完成输入后，虚拟服务器和网络的构建也会随之完成

如果预先准备好包括选择题在内的所有问题的答案，就可以从容顺利地实现系统化

图7-2 常见问题与标准答案示例

服务器和系统的设置地点

数据中心

如设置在位于东日本的数据中心内

服务器等设备的性能

如服务器 CPU 8 核、内存 16GB

备份的位置与方法

如发生故障时，系统会自动重启以切换系统
如生产系统：东日本；备份系统：西日本

网络架构

如对东日本和西日本的数据中心采用和公司与分公司之间相同的方式连接

知识点

✎ 要使用云服务，只需要在提供商的网站回答问题即可。

✎ 需要事先准备标准答案，以免到时手忙脚乱。

>> 将希望装在云上的系统明确化

系统化的范围与系统架构

1-3节中讲解过,企业和组织导入云服务的契机是在探讨新系统时,或者升级现有系统时。无论是哪种情况,都存在将某个系统装在云上作为候补选项的情况。因此,第一步就需要明确希望将什么样的系统装在云上。

如果进行具体讲解,就是如图7-3所示那样,**设想并具体化系统化的范围及大致的系统架构**。

如果是图7-3中例1那样简单的案例,则通过内部部署和云服务都可以实现;如果是稍微难一些的例2,由于是全新系统,因此比较难以确定早期的数据量和处理操作。但通过边使用边灵活对应的云服务就可以实现。

当然,关于系统化的范围和架构,按照当时的前提条件和需求进行预估也没有问题,可以像图7-3那样绘制插图与相关人员共享来确定今后的方向。

不要漏掉系统企划工程

前面对具体的系统化的范围和系统架构进行了讲解,实际上,这些属于规定系统开发要求的前期工程的系统企划部分(图7-4)。像以前的业务或业务系统,如图7-3中例1的文件服务器这类大家熟悉的系统,在进行系统企划时并不需要花费太多工时;但是像例2这类缺乏有系统使用经验的工作人员,或者是全新的系统,则需要花费一定的工时。无论是将其称为系统化的范围和系统架构或是系统企划,不管是探讨什么样的系统,它都是一个你想要务必执行的工程。

图7-3　明确系统化的范围与系统架构

系统化的范围：是什么系统 其涵盖的范围	系统架构：大致即可 应当采取怎样的系统架构

【例1：简单的案例】

总公司的人事部和
总务部在使用的
文件服务器的升级

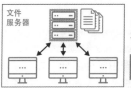

1台服务器由30人的人事部员工和
20人的总务部员工访问

既可内部部署，
也可放在云端

【例2：缺乏有系统使用经验的工作人员，或者是全新的系统】

在旗舰店的货架上方安装摄像头，使用人工智能技术对
畅销的商品自动进行判断，并将这些信息定期发送给
旗下的各家店铺的全新的系统

● 畅销商品的判断由店里的边缘机中安装的AI实现，
希望将图片和判断结果保存在服务器里，向各家店
铺定期发送的信息也交由服务器处理

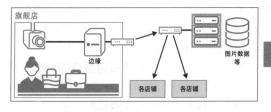

内部部署实现困难，
而用云服务可以实现
（数据量应该比较大，
无法作出预估）

图7-4　系统开发工程中系统企划的定位

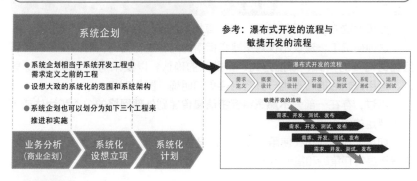

系统企划

● 系统企划相当于系统开发工程中
需求定义之前的工程
● 设想大致的系统化的范围和系统架构

● 系统企划也可以划分为如下三个工程来
推进和实施

业务分析
（商业企划）　系统化
设想立项　系统化
计划

参考：瀑布式开发的流程与
敏捷开发的流程

瀑布式开发的流程

需求
定义　概要
设计　详细
设计　开发
制造　综合
测试　系统
测试　运用
测试

敏捷开发的流程

需求、开发、测试、发布
需求、开发、测试、发布
需求、开发、测试、发布
需求、开发、测试、发布

知识点

⌇ 要明确装在云上的是什么样的系统，需要与相关人员共享系统化的范围和
大致的系统架构。

⌇ 系统的开发工程是系统企划工程中重要的部分。

» 与IT战略保持一致性

真的符合公司的IT策略吗？

导入系统和服务器的动机和理由多种多样，如为了提高某项业务的效率或为了在行业中处于领先地位，想要导入新的系统和服务器，或者想要签订使用云服务的合约。这种情况下必须要确认的是，IT策略和计算机系统部门制定的指南。

IT策略是企业和组织内部关于计算机技术和系统使用的形成体系的规范，内容包括IT战略、基本方针、体制、运用等。通常公司会给予新的IT策略一段时间进行评估，通过循环执行PDCA（Plan、Do、Check、Act，计划、执行、检查、处理）使其更加完善（图7-5）。

探讨需要导入的系统和服务器，或者云服务**是否符合IT策略**时，需要参照规范文件进行确认。正如在**2-1**节中所讲解的，在这个政府部门率先提倡Cloud By Default的时代，探讨云服务本身已经变得极为普遍。

有云服务的使用经验吗？

如果对这方面不是很清楚，向计算机系统部门咨询是最快的方法。

这种情况下，建议不仅对策略和指南的内容进行咨询，对购买系统和服务器时需要的预算、审批方式、审批人的确认，以及采购、安排、实际导入、运用开始后的管理也一并咨询会更加明确（图7-6）。

不过，存在一部分**不愿意将保密信息传递到外部网络**的企业和团体或者其中特定的组织也是事实。

如果公司内部正在使用云服务，则没有太大问题。但是，为了谨慎起见，最好还是对IT策略和指南进行确认。

图7-5 **IT策略概要**

IT 策略：

企业和组织内部
关于计算机技术和系统使用的
形成体系的规范

对 IT 策略、基本方针、体制、运用
等内容进行整理，而安全策略则
归属其中。

- 比较长的规定通常是十几张 A4 纸
- 最近企业和组织在内部网站中公开的做法比较常见

图7-6 **与计算机系统部门进行咨询**

与计算机系统部门进行协商

除了要与 IT 策略和指导方针保持一致外

公司内部流程	采购和运营

- 采购预算
- 审批方式
- 审批人确认

- 采购（下单）
- 各种安排
- 实际导入
- 运用开始后的管理

- 有的企业不仅有计算机系统部，还有总务部和经营管理部

知识点

⧸ 需要确认云服务是否符合企业的IT策略和方针。

⧸ 需要确认使用云服务时会传递到外部网络的数据和信息。

≫ 导入过程的差异

内部部署时IT设备的导入工作

如果已经明确了**7-2**节中的系统化的范围和系统架构，将云服务作为组织中的一部分进行导入也没有问题，则只需要继续进入下一步骤即可。本节将事先对内部部署购买服务器等IT设备与使用云服务提供商所有的IT设备在导入步骤上的差异进行确认。

内部部署时系统的IT设备如图7-7所示，**根据性能估算的结果进行挑选和订购**。接下来**将收到的设备设置在规定的场所中用以构建所需的环境**。其中，可能会有一部分企业和组织将这一步骤委托给IT销售商，如果自己进行设置，那么这类IT设备相关的导入工作是必不可少的。如果设备的数量较多，那么估算和订购也会花费更多的时间，而安装设备是体力劳动，数量较多工作量也会大。当然，构建环境也是同样的道理。

云服务性能估算的差异

即便是使用云服务，性能估算也是必不可少的工作。但是，云服务的性能估算稍有不同。在订购方面，只要选择好服务器就会立即执行处理，而像内部部署那样需要体力劳动的**安装工作已无"用武之地"**。环境构建也比内部部署更加顺利，如图7-8所示。另外，启动后的运用也是第5章讲解的模式化运用。通过图7-7和图7-8进行比较，可以看出使用云服务更为轻松。虽然每个步骤也需要花费相应的时间，但越是大量的工作，反而越能感到轻松。

经历从导入到运用的一系列流程之后就会发现，即使从这个方面考虑，选择使用云服务的用户也会变得越来越多。相反，如果说有担心的部分，可能是减轻了这么多的工作量，会导致精细技能的退化吧。

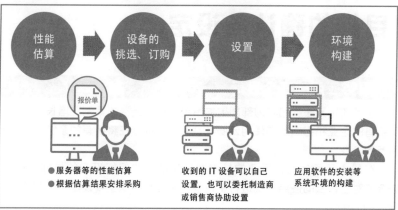

图7-7　内部部署时IT设备的导入工作

性能估算 → 设备的挑选、订购 → 设置 → 环境构建

报价单

● 服务器等的性能估算
● 根据估算结果安排采购

收到的 IT 设备可以自己设置，也可以委托制造商或销售商协助设置

应用软件的安装等系统环境的构建

※上述每一步流程都需要花时间，如果数量增加，工作量会很大

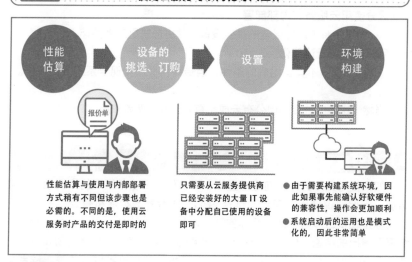

图7-8　使用云服务可以简化导入工作

性能估算 → 设备的挑选、订购 → 设置 → 环境构建

报价单

性能估算与使用与内部部署方式稍有不同但该步骤也是必需的。不同的是，使用云服务时产品的交付是即时的

只需要从云服务提供商已经安装好的大量 IT 设备中分配自己使用的设备即可

● 由于需要构建系统环境，因此如果事先能确认好软硬件的兼容性，操作会更加顺利
● 系统启动后的运用也是模式化的，因此非常简单

知识点

✐ 内部部署导入IT设备包括性能估算、设备的挑选和订购、设置、环境构建等步骤。

✐ 使用云服务无须进行设备的挑选、订购和设置。

≫ 目标的确认与设定

云服务应用的三个目标

虽然使用云服务和将内部部署的系统移植到云端的案例在增长，但并不是所有的企业和组织都在使用云服务。另外，也存在将所有的系统转变为云服务的企业。

在导入云服务时，重要的是需要确认所属的组织设定的是什么目标。**2-3** 节对混合云的使用模式进行了讲解，企业和组织主要设定了下列三大目标（图7-9）。

- **所有的系统使用内部部署的方式**

  因为内部部署使用起来完全没有问题，但是移植系统太过困难。
- **区分使用云服务和内部部署**

  为每个系统选择最佳的基础设置，最终形式是二者并存。
- **所有的系统云计算化**

  即使现状不具备相应的条件，但最终目标是实现全系统云计算化。

当然，也可以选择使用公有云或私有云，或者两者兼用。

云服务应用的三个阶段

如果使用云服务的意向足够强烈，那么使用云服务系统的案例自然就会增加，因此建议使用公有云时选择VPC，或者考虑构建私有云，不过最终的目标是在多云服务中使用最佳的基础设备。虽然这是看到了很多企业的系统搭配得出的结论，但是我们将从云服务的使用角度总结的路线图和阶段汇总在了图7-10中。当然，这与IT整体规模和数字化技术也有关联。读者可以根据自己的企业和组织目前处于哪一阶段来讨论比较接近的导入方式。

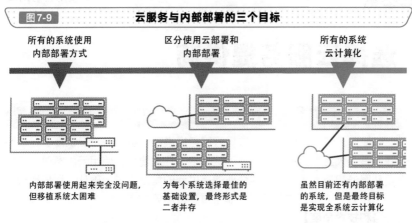

图7-9 云服务与内部部署的三个目标

所有的系统使用
内部部署方式

区分使用云部署和
内部部署

所有的系统
云计算化

内部部署使用起来完全没问题，
但移植系统太困难

为每个系统选择最佳的
基础设置，最终形式是
二者并存

虽然目前还有内部部署
的系统，但是最终目标
是实现全系统云计算化

● 并不存在绝对的用这种方式好，用另一种方式不好的说法
● 如果事先了解自己所属组织的目标，最终采取的方式也会不同

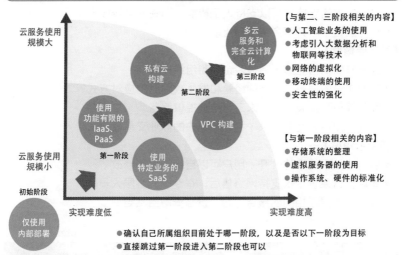

图7-10 云服务的应用阶段

云服务使用
规模大

云服务使用
规模小

初始阶段

多云
服务和
完全云
计算
化
第三阶段

私有云
构建

第二阶段

使用
功能有限的
IaaS、
PaaS

VPC 构建

使用
特定业务的
SaaS

第一阶段

仅使用
内部部署

实现难度低

实现难度高

【与第二、三阶段相关的内容】
● 人工智能业务的使用
● 考虑引入大数据分析和
物联网等技术
● 网络的虚拟化
● 移动终端的使用
● 安全性的强化

【与第一阶段相关的内容】
● 存储系统的整理
● 虚拟服务器的使用
● 操作系统、硬件的标准化

● 确认自己所属组织目前处于哪一阶段，以及是否以下一阶段为目标
● 直接跳过第一阶段进入第二阶段也可以

知识点

✐ 在导入云服务时，根据公司自身所处阶段设定目标，直到最终实现完全云
计算化。

✐ 确认现在所处的阶段再进入下一阶段。

>> 选择云服务提供商

选择提供商时的三个角度

要使用云服务，就必须要选择云服务提供商。虽然各个提供商看起来好像并没有太大区别，但是也需要确认基本的几大要点。使用云服务时，不仅需要从服务和技术角度、作为企业的提供商的角度来进行确认，**用户是否可以毫无压力地进行开发和运用**也非常重要（图7-11）。

【服务和技术角度】

- 通用技术的提供：提供虚拟化、API等被广泛使用的技术。
- 多样化的服务、外部协作：有想要的服务、与其他企业协作。
- 区域和可用区的丰富性：充实的日本国内以及海外的据点。
- 第三方认证：对安全等方面的第三方认证。
- 对新技术的支持：可以支持人工智能、物联网等新技术。
- 高可靠性：服务不会突然停止。

【供应商角度】

- 云服务的销售业绩：有很多企业和组织使用。
- 企业本身的信誉：多年的经验和发生故障时的应对方式等。
- 业务规模及发展空间：未来可持续提供服务。
- 个性、出身、商业往来：特点和过去的商业交易等。

【使用者角度】

- 服务或技术信息的公开：用户可以自行使用和修改。
- 售后支持系统：仅支持网络售后，有专门的客服人员等。
- 成本：如果是相同的服务内容，价格低廉当然更好。

商业模式

近年来，随着构建私有云的普及，每个提供商的**商业模式**也在发生变化（图7-12）。当然，即使商业模式发生改变，每个提供商也是结合自身具备优势的基础业务来提供服务的。因此，建议在选择提供商时也将这一方面考虑进去。

图 7-11　选择提供商时的三个角度

服务和技术角度

通用技术的提供
多样化的服务、外部协作
区域和可用区的丰富性
第三方认证
对新技术的支持
高可靠性

选择在基本的服务和技术
层面符合需求的供应商

- VMWare、对象存储、各种功能的 API、容器化的支持等

- ISO/IEC 27001 信息安全管理体系

- ISMS+ISO/IEC 27017 服务商的云服务的安全控制措施
- ISMS+ISO/IEC 27018 云服务中的个人隐私保护
- SOC2 美国注册会计师协会制定的基准
- PCI DSS 信用卡信息管理的安全认证

提供商角度

云服务的销售业绩
企业本身的信誉
业务规模及发展空间
个性、出身、商业往来

- 按年度或季度变化，因此需要关注
- 注意企业的商业模式变化

使用者角度

服务或技术信息的公开
售后支持系统
成本

- 信息公开有助于顺利地构建和运用系统，因此非常重要
- 在消除用户疑虑、发生故障时，电子邮件、电话、专门的客服人员等服务在上班时间内和提供的 24 小时售后支持有所不同
- 也有供应商会附带专职的售后支持人员

如果从服务和技术角度与作为企业提供商的角度
无法决定，那么就应当从使用者角度去判断

图 7-12　商业模式的变化

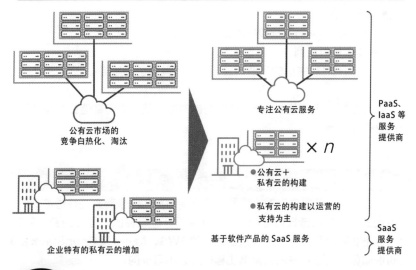

公有云市场的
竞争白热化、淘汰

企业特有的私有云的增加

专注公有云服务

× n

● 公有云 +
　私有云的构建

● 私有云的构建以运营的
　支持为主

基于软件产品的 SaaS 服务

PaaS、IaaS 等服务提供商

SaaS 服务提供商

知识点

// 在选择云服务提供商时，从其提供的服务和技术的角度来判断是基本，但也需要从业务的发展前景和使用者角度进行判断。

// 还需要将云服务提供商的商业模式作为参考。

》 云服务提供商概要

云服务提供商的四种分类

市场上有多种多样的云服务提供商，它们提供通用的或独有的服务，每个提供商也有它们各自的特点。当笔者被询问提供建议时，笔者都是根据商业背景进行说明的。如图7-13所示，云服务提供商可以分为四大类。

- 三大巨头

    超大规模的互联网商业模式和对包含个人隐私数据的处理经验。
- 大型IT企业&数据中心

    以开源软件为基础提供的服务，包括大规模系统的构建和运营实力，积累了多年的商业数据中心服务的经验等。
- 通信运营商

    提供运用网络基础设施的云计算服务。
- ISP & 主机供应商

    利用ISP和主机的行业经验，提供各具特色的服务。

除此之外，还有海外市场中的实力雄厚的企业、面向制造业等专注于不同行业的提供商。

云服务提供商的其他分类

在选择云服务提供商时，需要结合当前局势和未来前景进行讨论。如果拿不定主意，建议选择行业巨头企业或使用开源软件的大型IT企业。另外，对于具备长期位居云服务市场双雄地位的**AWS、Azure及OpenStack相关的知识储备，对于将来的云服务工程师是必不可少的**。

选择云服务提供商时，将服务商之前的客户、交易记录及市场业绩综合起来考虑肯定没有问题。虽然每个提供商的服务每三个月或半年就会更新，但最重要的是根据我们自身想要实现的目标选择最佳的云服务提供商。

图7-13 根据背景对提供商进行分类（IaaS和PaaS）

四大分类

【三大巨头】

● 亚马逊　作为行业屈指的巨头企业，提供大量多样化先进且人性化的服务

● 微软　依靠Windows的市场占有率以及与通信系统相结合的成熟的服务与亚马逊分庭抗礼

● 谷歌　作为先进技术的引领者，其最新动向受到全球技术工程师的广泛关注

共同的特点是超大规模的互联网商业模式和对包含个人隐私数据的处理经验及市场业绩（amazon.com、google、msn）

【大型 IT 企业 & 数据中心】

● 富士通　与其他巨头一样，从云计算的初创阶段开始就进入市场，力争成为日本国内三强，系统基于 OpenStack

● IBM　与其他巨头一样，从云计算的初创阶段开始就进入市场，世界五强之一，系统基于 Cloud Foundry 和 OpenStack

● NEC　系统基于 OpenStack，SaaS 的种类也很丰富

● 以开源软件为基础提供的服务
● 大规模系统的构建和运营实力，在云服务出现之前就积累了多年商业数据中心服务经验

【通信运营商】

● NTT 集团　以 NTT 通信为核心开展业务

● 软银　是 IDC Frontier 的母公司

● KDDI　与 au Mobile 合作

作为通信运营商，提供网络基础设施和结合手机业务的云计算服务

【ISP& 主机供应商】

富士通云、GMO、IIJ、IDC Frontier、USEN、BIGLOBE、Sakura、KAGOYA 等

利用 ISP 和主机的行业经验，提供各具特色的服务

根据自身想要实现的目标
选择最佳的服务提供商

海外与行业等

【海外市场更强】

● 阿里巴巴
● 腾讯　中国的巨头企业，两家都是全球名列前茅的企业

● Salesforce　大型SaaS服务的行业开拓者，全球排名顶尖企业

● Oracle　数据库和ERP的老牌日本企业市场尚未打开

在全球排行中与行业三巨头及 IBM 等公司一起名列前茅

【面向行业，如制造业】

● 日立　日立制造涉及的业务并不局限于制造业

● 东芝、小松等　以制造业为中心

作为大型制造企业，将自家的经验作为服务提供给其他公司

※除了上述企业外，还有很多服务提供商。
SaaS 可以根据具体的软件进行查询

知识点

✎ 按照商业背景整理云服务提供商的相关信息会更加容易理解。

✎ AWS、Azure 和 OpenStack 是云服务工程师的必备知识。

开始实践吧

对开发和运营的角色划分的相关问题进行思考

虽说是云服务，但其就是信息系统的一种形态而已，因此也存在系统的开发和运用问题。当然，与内部部署相比，它导入的工作量更少，运营也是以模式化提供的，且不需要接触物理的 IT 设备，运营本身也很轻松。

但是，是否像传统的系统那样将开发者和运营负责人区分开，或者是运营工作也由开发者负责，在导入前和导入后经常会就这一问题进行争论。实际上，小规模的系统也有由开发者兼任运营管理工作的情况。

将开发团队和运营团队按组织或角色划分的企业和组织很难公开对这一问题进行讨论，我们可以借着这个机会在这里进行讨论。下面将以某个系统为例来展开讲解。

讨论项目与示例

下面是讨论的项目，可以尝试在空格中简单地填写内容。

系统名称	
开发者的名字或组织	
运营负责人的名字或组织	
划分的理由、统一的理由	

以笔者身边的系统为例，RPA 系统就是一个具有代表性的示例，该公司的开发和运营由同一个团队负责。因为开发后的操作确认和运行监控都是自动化的，因此如果在运营方面发生故障，只有开发者才能找到原因。

虽然根据不同的系统应当将负责人或团队进行分工或是不分工，其理由也不尽相同，但在 DevOps 的时代，也需要考虑如何在不分工的情况下开展工作。

开始导入云服务——
准备工作

第 **8** 章

》 决定系统的设置位置

服务器的设置位置

使用云服务可以削减内部部署中比较辛苦的工作。在考虑开始使用云服务之前，有些事情需要预先决定下来，即区域和可用区（Availability Zone，简称AZ）。

如果是内部部署的服务器，则服务器的设置场所一般使用站点和位置等术语表示。站点是指设置物理服务器的办公室或场所。企业和组织在导入IT设备时，通常将其设置在自己公司或者租借的办公室等场所。

但是，这是只有相关人员才知道的限定场所。如果是公司内部员工之间的对话，如"服务器设置在中心"，则其他员工会理解为服务器设置在东京港区的中心，但是外部人员无法知道其是否设置在东京港区（图8-1）。

使用云服务时，虽然大量的企业、组织及个人使用的是云服务提供商提供的服务器，但是**用户可以指定使用位于哪个地方的服务器**。

区域的含义

区域是指一个国家或者国家内部的广大地区。例如，日本通常被划分为东日本和西日本。可用区是指位于东日本的某一个数据中心。通常总公司在东京的企业会选择将东日本区域的东京可用区作为中心（图8-2），这是因为距离近，比较放心，也正如在**2-11**节中讲解的，基本上会选择适用法律和法院的管辖权这类对自己更有利的区域。大部分云服务是从选择区域和可用区开始的，相关人员可以事先就这一问题进行讨论。

此外，在可用区中的属于自己的空间或者VPC被称为租用。

图8-1　考虑服务器的设置位置

位于东京港区的 A 公司的
计算机中心（数据中心）

如果是发生在 A 公司的员工之间的对话，说将服务器设置在中心，对方会认为是将服务器设置在位于东京港区的中心；而对于云服务提供商而言，用户需要明确地指定希望将服务器放在哪个地区的哪个数据中心的服务器上

- 将该地点换成云服务的术语，即为东日本地区的东京的可用区
- 以前说到"区域"这个词时，是指像北美地区这样广阔的地理范围
- 既有区域＝国家（国）的企业，也有将日本划分为东日本、西日本，或者划分成北海道、东北、关东等区域的企业，绝大多数企业使用东日本、西日本这样的划分方式

图8-2　选择区域和可用区示例

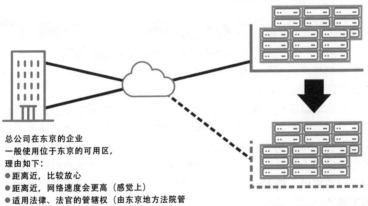

云服务提供商
东日本区域　东京中心（可用区）

总公司在东京的企业
一般使用位于东京的可用区，
理由如下：
- 距离近，比较放心
- 距离近，网络速度会更高（感觉上）
- 适用法律、法官的管辖权（由东京地方法院管辖）对自己更有利

主要的区域和可用区相对来说是比较容易决定的，比较难决定的是 8-2 节中将要讲解的备份环境

知识点

- 内部部署中基于服务器选择位置进行安装是理所当然的，但是使用云服务则需要用户决定服务器所在的区域。
- 选择离总公司距离近的区域和可用区是最佳选择方案。

≫ 服务器的备份方法

生产系统与备份系统

8-1节讲解了使用云服务前需要先确定区域和可用区。同样地，也需要事先讨论系统如何备份。这里首先对备份的方法进行梳理。

即使发生故障也能继续运行的系统称为容错系统（Fault Tolerance System）。为了确保稳定运行，故障防范措施和备份必不可少。为了便于理解，如图8-3所示，将服务器本身作为示例进行思考。从技术角度来看，容错系统是像**生产系统（Active）和备份系统（Standby）**这样，以防发生故障时事先准备好备份设备的冗余化的做法，以及使用多台设备分散负载的做法。如果要做好完备的冗余化措施，还需要准备两个系统用的网卡（Network Interface Card，NIC）和电源。采取这些措施需要花费高昂的费用，因此大多用于绝对不允许停机的系统中。

热备份和冷备份

像生产系统和备份系统那样准备多台服务器的做法称为冗余化，而从用户角度看，将生产系统和备份系统作为一个系统使用称为集群。如图8-4所示，内部部署物理服务器包括**热备份**和**冷备份**两种方法。

云服务也可以实现热备份和冷备份，由于云服务中原本就包含电源和网络的双机容错机制或者像5-8节中那样的三机容错机制，因此云服务中还具备位于热备份和冷备份之间的称为**自动故障转移**（Failover）的功能，用于出现故障时自动重启并切换到备用系统。有些云服务提供商将自动故障转移作为标准配置提供，根据自己的需要对比选择备份方法和提供商所提供的服务是很重要的。

图8-3 **服务器故障对策概要**

对象	技术	概要	性质
服务器本身	集群	生产系统发生故障时切换到备份系统	冗余化
	负载均衡	• 将负载分散到多台设备，将故障防患于未然（参考 5-4 节） • 确保性能不下降	负载分散

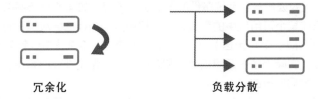

冗余化　　　　　　　　　　　　负载分散

图8-4 **物理服务器集群概要**

服务器之间不断地对数据进行复制

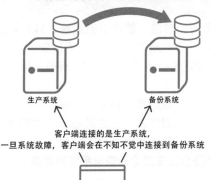

生产系统　　　　　备份系统

客户端连接的是生产系统，
一旦系统故障，客户端会在不知不觉中连接到备份系统

热备份

● 是同时设置生产系统和备份系统，提高系统可靠性的方法
● 生产系统的数据会不断地被复制到备份系统中，一旦系统发生故障，则立即切换到备份系统使用

冷备份

● 同时设置生产系统和备份系统
● 如果生产系统出现故障，则开始启动备份系统
● 由于是等生产系统出现故障后才启动备份系统，因此切换过程需要花费时间

知识点

✐ 系统的备份包括将生产系统和备份系统冗余化，以及热备份和冷备份等方法。

✐ 另外，还有位于热备份和冷备份之间的自动故障转移。

第 **8** 章
开始导入云服务

》 系统的备份方法

云服务中的备份方法

　　8-2节以内部部署的服务器为例，对备份的方法进行了讲解。本节将在这一基础上对云服务中系统备份的方法进行梳理。如果使用云服务，就需要考虑构建在某个可用区中的系统，即虚拟服务器和存储器应当设置在哪个可用区（包含同一个可用区），以及如何进行备份。**8-2**节主要针对服务器进行了说明，实际上备份还包括数据和存储。如果是小规模的系统，它可能是专门用于数据备份的。

　　如图8-5所示，其中梳理了云服务中的备份方法和考虑方法。图8-5中，将**8-2**节中讲解的冷备份、热备份及灵活运用服务器的**暖备份**等项目列在纵向，横向则对服务器和系统、数据和存储进行了梳理。

不断变化的磁盘估算

　　对图8-5进行分析，**从上往下看备份方法，越往下的系统，其重要程度越高且不能停机**。如果是需要花费一些时间进行恢复也没有问题的系统，则可以主要以数据备份为中心，选择便宜的存储器进行处理。有些云服务提供商还提供了数据备份这方面的服务。

　　在以内部部署为主流的时代，由于无法选择反复尝试，错误后再返回的方式，所以选择范围很有限。而云服务时代的备份是具有灵活性和弹性的。此外，如图8-6所示，云服务中的磁盘估算也变得很简单。这里可以再次考虑，图8-5中的哪一种方法**更符合正在讨论的备份系统的要求**。

图 8-5   **备份方法与使用的考虑**

备份的方法	系统 / 服务器	数据 / 存储	从使用和收费方面考虑
冷备份	△	○	• 预备用一台即可，因此比两台便宜 • 存储器两套
暖备份 ※	（○）	○	• 设置只具备最低限度功能的备用服务器（运行） • 存储器两套
热备份	○	○	分别设置与生产系统完全相同的备用服务器和存储器（运行）

※ 也有准备好用于备份的存储设备，只对数据进行备份的做法。另外，在讨论使用云服务提供商的服务时，除了考虑系统的备份方法外，也要同时考虑可用性、SLA 等问题，这样才不会出错

图 8-6   **内部部署与云服务的磁盘估算的差异**

参考：内部部署时磁盘的估算示例（RAID6）   各 1TB

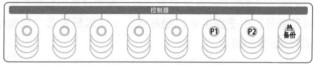

- 在对内部部署的磁盘进行估算时，与其准备两套磁盘（完全的双系统容错），更推荐优先采用 RAID 等容错机制。其原因是磁盘价格昂贵，这样做可以尽量缩减成本，而且设置双系统需要占用更多的空间
- 图中总共包括八个系统使用的磁盘，虽然容量有 8TB，但是 RAID6 使用了两个奇偶校验盘及一个热备份盘，实际可用容量只有 5TB

参考：使用云服务时磁盘的估算示例

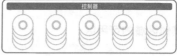 ×2   另外创建物理的备份系统即可

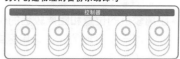

与内部部署时的租金、成本等费用相比，云服务价格低廉，因此构建双系统容错也毫无压力

知识点

✎ 具体采用的备份方法与系统的重要性成正比。
✎ 根据系统的重要程度梳理备份方法和考虑方法，探讨最佳的系统架构。

» 备份的位置

使用现成的备份位置

对于内部部署的服务器，按照惯例，通常是在生产系统服务器的附近设置备份系统的服务器，这是手动切换时代留下来的做法。如果需要同时确认生产系统和备份系统的设备运行情况，放在比较近的地方也会比较方便确认（图8-7）。

如果从**灾难恢复**（Disaster Recovery）的角度来看，会有什么不同呢？曾经有一段时期流行以可持续发展的社会和商业为目标，倡导耐久性（Sustainability）的观念。例如，在其他区域设置备份据点，这样即使在某个区域发生灾害也可以继续开展业务。虽然也有在海外区域设置备份据点的大型企业，但是要以内部部署的方式在其他据点或海外构建备份系统是极为困难的。**如果使用云服务，由于提供商已经在各种不同场所设置了数据中心，因此用户只需做出选择即可。**

选择不同的备份据点

在云服务中考虑备份系统的位置，如图8-8所示。

- **距离最近的位置：同一个可用区**
  虽然这是一个非常现实的选择，但是无法充分发挥云服务的环境优势和性能。
- **距离较近的位置和距离较远的位置：其他区域的可用区**
  同一个区域的其他可用区或其他区域的可用区。还需要考虑专线和VPN等通信手段。
- **距离最远的位置：海外地区的可用区**
  从灾难恢复来看，其效果是非常显著的，但是必须考虑适用法律和法院管辖权等问题。可以说，其充分利用了云服务的性能。

图 8-7 ┄┄┄┄┄ **内部部署中生产系统和备份系统的设置位置示例**

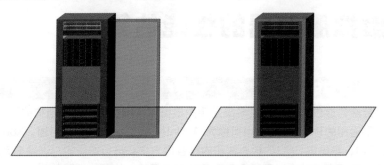

在企业和组织的信息系统中心，通常会在生产系统附近设置备份系统。其优点是可以同时照看到两个系统，而且对两个系统进行手动切换时也比较容易；缺点是一旦发生灾害，两个系统一同崩溃的风险也更高

图 8-8 ┄┄┄┄┄ **备份系统的位置**

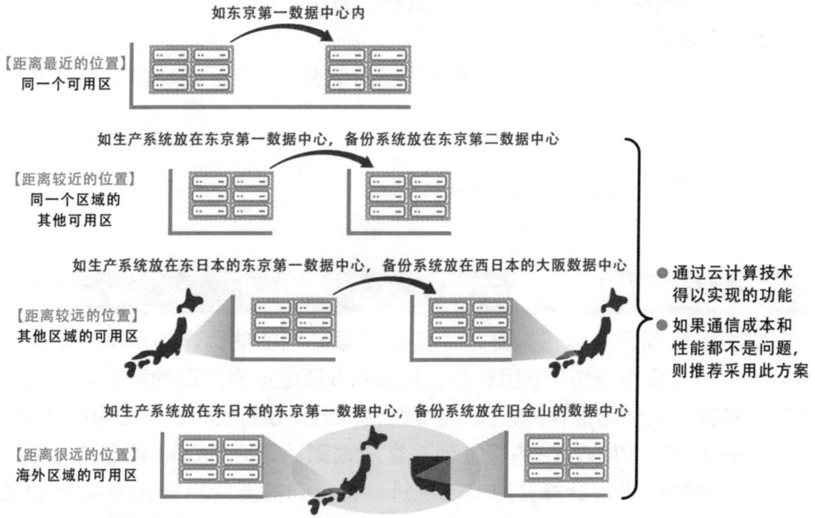

如东京第一数据中心内

【距离最近的位置】
同一个可用区

如生产系统放在东京第一数据中心，备份系统放在东京第二数据中心

【距离较近的位置】
同一个区域的
其他可用区

如生产系统放在东日本的东京第一数据中心，备份系统放在西日本的大阪数据中心

【距离较远的位置】
其他区域的可用区

- 通过云计算技术得以实现的功能
- 如果通信成本和性能都不是问题，则推荐采用此方案

如生产系统放在东日本的东京第一数据中心，备份系统放在旧金山的数据中心

【距离很远的位置】
海外区域的可用区

※海外可用区需要考虑到员工使用是否方便、灾难恢复、适用法律和法院管辖权等问题

知识点

✐考虑云服务的备份位置时，不需要采用像内部部署时那样的"老"观念。

✐充分利用云服务的优势，可以将备份系统设置在其他区域的可用区。

》 虚拟服务器的性能估算

性能估算的方法

云服务提供商的网站大多采用用户根据服务器的性能选择结构的形式。特别是通用的PC服务器［也可称为IA（Intel Architecture）服务器、X86服务器等］，其是以CPU的核心数和内存容量为中心进行选择的，这是主流的做法。下面主要结合以下三个角度及方法进行**性能的预估**（图8-9）。

- **纸面计算**

  根据用户要求，对所需的CPU性能等参数进行叠加计算。
- **案例、制造商推荐**

  参考同类案例或软件制造商推荐的方案进行判断。
- **使用工具验证**

  通过测试负载的工具和内存的使用情况，并基于这一测试数据进行探讨。

接下来看一个实际的估算示例。

虚拟服务器性能估算示例

如图8-10所示，以虚拟环境为前提的服务器的估算作为示例，来思考服务器中包含操作系统的6组软件，再配备5套虚拟客户端的案例。根据历史案例和软件制造商推荐的方案，将服务器端CPU的核心数量和内存（4核心和8GB）作为VMWare的标准值，客户端则将以2核心和4GB作为标准值。将这些数值进行计算并对备份进行调整，则需要使用总计为43核心和85GB以上的服务器。

如果是内部部署场合，为了避免购买后再修改系统架构的情况，需要在**按照标准值**进行计算的同时预估一些余量；而在云服务场合，则可以计算**大概的标准值**，无须预留余量，在使用过程中根据实际需要随时增加即可。

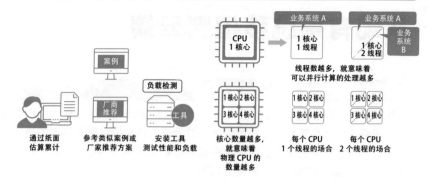

图8-9　服务器性能估算方法

| CPU 1核心 | → | 业务系统 A
1核心
1线程 | | 业务系统 A
1核心
2线程 | 业务系统 B |

线程数越多，就意味着
可以并行计算的处理越多

通过纸面
估算累计

参考类似案例或
厂商推荐方案

负载检测

安装工具
测试性能和负载

核心数量越多，
就意味着
物理 CPU 的
数量越多

每个 CPU
1 个线程的场合

每个 CPU
2 个线程的场合

图8-10　虚拟服务器性能估算示例

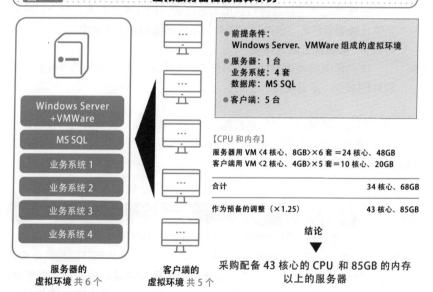

● 前提条件：
Windows Server、VMWare 组成的虚拟环境

● 服务器：1 台
业务系统：4 套
数据库：MS SQL

● 客户端：5 台

【CPU 和内存】

服务器用 VM <4 核心、8GB>×6 套 ＝24 核心、48GB

客户端用 VM <2 核心、4GB>×5 套 ＝10 核心、20GB

合计	34 核心、68GB
作为预备的调整（×1.25）	43 核心、85GB

结论
▼

采购配备 43 核心的 CPU 和 85GB 的内存
以上的服务器

Windows Server +VMWare / MS SQL / 业务系统 1 / 业务系统 2 / 业务系统 3 / 业务系统 4

服务器的
虚拟环境 共 6 个

客户端的
虚拟环境 共 5 个

知识点

✎ 在虚拟服务器的性能估算中，需要根据历史案例和软件制造商的推荐方案
进行计算。

✎ 使用云服务则可以进行大概的性能估算，在使用过程中进行调整。

第 8 章　开始导入云服务

205

》从现有系统移植到云端

两段式移植

　　1-3节中以探讨云服务为契机，讲解了探讨新系统和升级现有的系统这两个时间点。如果是新系统，则可以进行像云原生这类以云服务环境为基础的开发；如果是现有的系统，则需要将其移植到云服务环境中。将系统移植到其他环境的做法称为迁移，主要分为下列两个阶段（图8-11）。

　　阶段1：服务器的虚拟化。

　　　　云服务基本上是以虚拟环境为基础的，因此在虚拟服务器上运行的系统比较容易移植，该阶段将现有的系统移植到虚拟环境中。

　　阶段2：移植到云服务环境。

　　　　该阶段将经过虚拟化后的系统移植到云端。根据系统的规模和使用软件的多少，所需花费的工时会不同。

　　关于阶段1的移植，以前是按照迁移计划书中规定的步骤进行排练之后才开始实施的，而近年来多使用虚拟化软件的专用工具进行移植。当然，完成阶段1之后即可进入阶段2。

移植到云端

　　将系统移植到云端时，也有从内部部署的虚拟服务器迁移到云服务的虚拟服务器的做法。但是，如果想要准确无误地迁移，考虑到环境和软硬件的兼容性，越来越多的企业采用先在**云服务提供商处准备专用的物理服务器**，将系统复制到专用物理服务器中后，再迁移到云端的方式（图8-12）。发挥这类作用的物理服务器称为**裸金属**（Bare Metal）。

图8-11

移植到云端：两段式

阶段 2： 迁移到云服务环境

阶段 1： 服务器的虚拟化

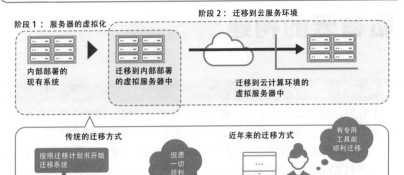

内部部署的
现有系统

迁移到内部部署
的虚拟服务器中

迁移到云计算环境的
虚拟服务器中

传统的迁移方式

近年来的迁移方式

有专用
工具能
顺利迁移

按照迁移计划书开始
迁移系统

但愿
一切
顺利

迁移工作涉及人工成本和各种费用，因此在关注技术方面的问题的同时也需要留意

图8-12 **使用裸金属的移植方法**

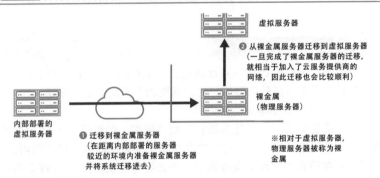

虚拟服务器

❷ 从裸金属服务器迁移到虚拟服务器
（一旦完成了裸金属服务器的迁移，
就相当于加入了云服务提供商的
网络，因此迁移也会比较顺利）

内部部署的
虚拟服务器

❶ 迁移到裸金属服务器
（在距离内部部署的服务器
较近的环境内准备裸金属服务器
并将系统迁移进去）

裸金属
（物理服务器）

※相对于虚拟服务器，
物理服务器被称为裸
金属

注意事项：
　通常将系统从内部部署的物理服务器迁移到虚拟服务器后，系统的响应速度会稍有下降。这是由于操作系统再加上虚拟化软件，或者多个虚拟服务器共用硬件资源导致的，就好像无线局域网在使用过程中偶尔会卡顿一样，用户只能尽量去适应

知识点

✎将现有系统移植到云端时，多数情况下是按照服务器的虚拟化、迁移到虚拟化环境的顺序执行的。

✎将内部部署的虚拟服务器迁移到云端时，可以使用云服务提供商准备的物理服务器。

≫ 私有云的构建

架构设计指导方针

本节将以构建私有云为例，对相关内容进行讲解；以属于自己公司的信息系统的数据中心作为主要区域和可用区为例，来考虑系统的架构。

由于私有云的构建需要公司自己准备IT设备和设置场所，因此需要根据前提条件和系统要求创建逻辑架构图和物理架构图。私有云与公有云相比，构建私有云不仅需要自己购买和管理设备，还需要绘制物理架构图。

下面创建探讨架构时发挥重要作用的逻辑架构图。逻辑架构图不仅在自己公司构建私有云时需要准备，在公有云上实现VPC时也需要准备。

在创建逻辑架构图之前，需要与相关人员共享系统架构设计理念。图8-13中展示了架构设计的指导方针，图中内容都紧跟着近年来的发展趋势。

逻辑架构图的绘制

下面将按照架构设计指导方针绘制逻辑架构图，如图8-14所示。从网络方面来看，需要连接外部网络、内部网络和其下属的各个设备。实际上，图8-14是OpenStack中常见的架构。

设计好逻辑架构之后，还需要设计物理架构，如果是图8-14中展示的逻辑架构，且网络环境优良，可以将备份系统设置在其他区域的可用区中。内部部署是在现有的据点中保存备份，而云服务提供商提供的VPC则可以从现有的多个可用区中选择最佳位置。由于不需要购买和安装设备，因此越来越多的企业将VPC作为选项之一也在情理之中。

图 8-13	架构设计指导方针

基本方针：除了注意可扩展性和双系统容错机制外，还要重视系统的备份。

架构管理的理念

● **网络**
将用于管理的网络与实际使用的网络分开。

● **服务器**
随着访问量的增加，不断增加服务器数量。

● **存储器**
· 随着容量的增大，追加更多的磁盘。
· 以块存储为主，备份采用对象存储，以降低存储成本。

※ 这里省略了安全相关的部分

图 8-14	逻辑架构图示例

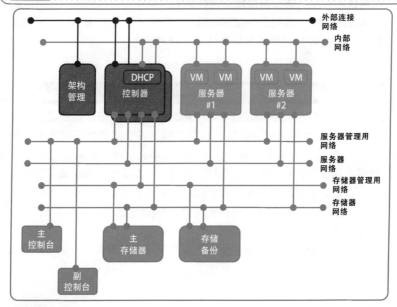

知识点

✎ 通过架构设计的指导方针对基本方针和架构的理念进行整理和共享。

✎ 通过逻辑架构图将网络和服务器等关系可视化。

209

» VPC的构建

准备私有云与准备VPC的差异

8-7节对准备构建私有云时最重要的逻辑架构图的设计示例进行了讲解。本节将以同样的架构构建VPC，并介绍它们之间的差异和特点。

- 自己公司构建私有云相当于构建一个小的公有云，需要对服务器等设备进行架构管理和设置控制器，并对整体进行统筹管理［图8-15（a）］。但是，如果在公有云上构建VPC，虽然用户意识不到这一点，但实际上云服务提供商已经设置了控制器。因此，VPC可以用于业务和商业模式中所需的专有架构当中。

- **可用区和区域的选择自由度**。系统必需的架构大体成型后，就可以选择使用云服务提供商提供的很多可用区。当然，也需要根据可用区和区域配备必要的VPN和专线等环境［图8-15（b）］。

以VPC为前提的逻辑架构图

接下来将在图8-15的基础上绘制**VPC的逻辑架构图**。尝试设置网络负载均衡器，通过DNS的网关连接到私有子网。VPC的逻辑架构图多采用如图8-16所示的设计。由于在每个块状图形和箭头上加上云服务提供商更加容易理解，因此这种格式成为行业的使用惯例。**8-7**节中的逻辑架构图是传统的格式，如果要对比其与云服务提供商在服务上的差异，使用该架构图会更清晰，一目了然。笔者建议在绘制好图8-14所示的传统逻辑架构图之后，再设计VPC专用的逻辑架构图。

类似该示例中的逻辑架构图，如果配置的网络环境优良，则可以将备份系统设置在位于其他据点的可用区中。

图 8-15　　自己公司的私有云与VPC的差异和特点

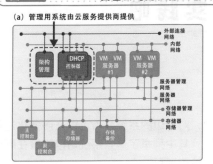

（a）管理用系统由云服务提供商提供

外部连接网络
内部网络

服务器管理网络
服务器网络

存储器管理网络
存储网络

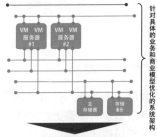

（b）可用区和区域的选择自由度更高

针对具体的业务和商业模型优化的系统架构

云服务提供商的东日本区域

如果配备有网络环境，则可以不选择东京第2可用区作为备份，可选择其他区域的可用区

图 8-16　　VPC的逻辑架构图

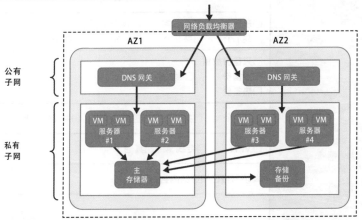

最终得到的是常见的架构图，请尝试在图形和箭头上标注服务名称；如果是网页服务器一类的服务器，则设置在公有子网内

知识点

✏由于VPC是针对具体的业务和商业模型优化的系统架构，因此可用区和区域的选择自由度更高。

✏先绘制好传统的逻辑架构图，再设计VPC专用的逻辑架构图比较稳妥。

开始实践吧

云计算化的准备工作

我们在每章的"开始实践吧"中，对身边的系统是否可以云服务化进行了思考。这里将准备更为具体的示例，其中列举了这些系统可以设置在哪个区域、备份应该如何处理等具有实践性的项目。

讨论项目与示例

讨论项目如下。

首先请尝试填写系统名称。确定了具体的系统名后，就可以尝试在□中打"√"。

系统名称	选项
区域与数量	□东日本　　　□西日本　　　□海外（国家：　　　　　） □共1个　　□共2个　　□共3个　　□共4个以上
备份方法	□只备份数据 □冷备份　　　□暖备份 □热备份
可用区的数量	□共1个　　　□共2个　　　□共3个　　　□共4个以上
连接方法	□VPN　　　□专线　　　□其他（　　　　）
服务器和存储器	※填写自己知道的内容即可
其他	

如果以部门使用的文件服务器为例，则东日本区域有1个、只备份数据、可用区有1个、连接方法是VPN、服务器和存储器另外计算，而其他项目中则有"想要使用备份专用的价格低廉的存储器"。

如果能够进展到这一步，就可以选择具体的云服务提供商开始进行服务试用。

术语集

["➡"后面的数字是与术语相关的章节编号]

A ~ G

Amazon EBS (➡2-13)
Amazon Elastic Block Storage的缩写，作为AWS基础的存储服务。

Amazon EC2 (➡2-13)
Amazon Elastic Compute Cloud的缩写，作为AWS基础的虚拟服务器的服务。

API (➡4-10)
Application Interface的缩写，指软件调用接口的规范。

Azure Files (➡2-13)
微软的Azure上的文件共享服务。

按量付费 (➡3-11)
根据服务器的使用量和使用时间计算费用。计算单位为秒或分，根据云服务提供商的不同服务，算法也不同。

按量收费 (➡1-2)
根据系统的使用时间和使用量产生费用。

安全策略 (➡6-2)
总结了组织中信息安全的防范措施、方针和行动指南等内容的策略。

容器编排 (➡4-7)
管理不同服务器之间存在的容器的关系和动作。

扁平网络 (➡4-13)
使用专用的交换机，将多个网络设备作为一台设备来处理，也称为扁平以太网。

Ceph (➡4-15)
基于cephalopod这一章鱼等头足纲动物的意思而命名。可以用RADOS Gateway（RADOSGW）、RADOS Block Device（RBD）、Ceph File System（Ceph FS）这三种方式访问存储设备。

Cloud Foundry (➡4-18)
PaaS相关的开源基础软件。

CRUSH算法 (➡4-15)
象征Ceph的算法，根据存储设备的架构信息，计算出数据的存储位置并访问对应的物理磁盘。

超融合架构 (➡4-16)
在服务器中集成计算机和存储器的功能，以提供更简单的虚拟化基础软件的技术。

DAS (➡1-9)
Direct Attached Storage的缩写，是直接与服务器连接的存储器。

DBaaS (➡2-4)
专门用于提供数据库功能的云服务。

DevOps (➡4-9)
将开发（Development）和运维（Operation）组合在一起创造的术语。DevOps是为了缩短软件开发时间和提供高品质的资源，使开发和运用协调分工的专有名词。

DMZ (➡6-6)
DeMilitarized Zone的缩写，是防火墙与内部网络之间的缓冲地带，用于防范对内部网络进行入侵。

Docker (➡4-6)
创建容器的软件。可以将在容器的基础上创建的虚拟机（容器）以容器为单位迁移到装有其他容器环境的服务器（轻量虚拟化的基础环境、安装了Docker的主机操作系统）中。

多层防御 (➡6-4)
将功能分为多个层级构造，以抵御安全风险和威胁。

对象存储 (➡4-14)
不是以文件或数据块为单位，而是以对象为单位对数据进行处理的存储器。在称为存储池的容器中创建对象，使用唯一的ID和元数据进行管理。

多云计算 (➡2-9)
同时使用多个云服务。

防火墙 (➡6-5)
在内部网络和互联网的边界管理通信状态以保护系统安全的机制的总称。

服务器机架 (➡1-10)
数据中心中安装服务器的设备。打开机架门可以看到其中设置了服务器、交换机、存储器等。

GPU (➡5-5)
Graphics Processing Unit的缩写，不仅适用于3D图形等图像处理计算，还适用于并行处理。

公有云 (➡1-5)
面向大多数用户的服务，特点是高性价比和可以抢先使用最新技术，但是由于用户签约的服务器会自动分配系统整体架构中最适合的位置上的CPU、内存和磁盘，因此用户并不知道服务器的具体位置。

H ~ N

Hadoop (➡3-13)
开放源码的中间件，一种可以对海量数据进行高速处理的技术，也是支持大数据分析的技术。

Hypervisor型 (➡4-5)
作为物理服务器上的虚拟化软件，在该基础上安装和运行Linux和Windows等用户OS。由用户OS和应用程序构成的虚拟服务器在不受主机OS的影响下进行操作，因此可以高效运行多台服务器。

混合云 (➡2-3)
根据需求将云服务和云服务以外的系统组合使用。

IaaS （➡2-5）

Infrastructure as a Service的缩写，云服务提供商提供服务器、网络设备和操作系统，中间件、开发环境、应用软件需要用户自行安装。

IDS （➡6-7）

Intrusion Detection System（入侵检测系统）的缩写，负责将预想之外的通信作为异常行为进行检测出来。IDS作为安全防范措施，对疑似攻击的访问模式进行识别判断。

Immutable Infrastructure （➡4-8）

不会发生变化的IT基础设施，是一种对抗会发生变化的传统系统的思维模式。

Infrastructure as Code （➡4-8）

使用源代码表示系统基础设施的构建和架构管理，并通过执行代码推进自动化的思维方式和方法。

IPS （➡6-7）

Intrusion Prevention System（入侵防御系统）的缩写，自动切断被检测出包含异常信息的通信。如果判断为非法访问和攻击之后，就无法继续进行访问。

IT服务运营 （➡5-6）

为了实现系统的稳定运行，考虑到系统的重要性而提供的服务。

IT服务控制 （➡5-6）

根据作为用户的企业和组织的标准或经过特殊定制的运用步骤，提供IT设备的维护、数据备份、恢复运用等基础设施管理和安全防范措施等系统管理的操作工作。

IT策略 （➡7-3）

总结了企业和组织的信息技术和系统的运用体系的规章制度。

机房租用 （➡1-4）

数据中心提供的一种服务形态，服务器等IT设备由用户所有，但是该系统的运行监控等操作由提供商负责。

机架式 （➡1-8）

支持在专用的机架里逐台增加服务器的类型，具有优异的可扩展性和容错性。在机架内增加数量即可实现扩展，由于使用专用的机架进行保护，因此容错性更好。

Kubernetes （➡4-7）

使具有多个不同的服务器容器的执行环境看上去就像是对一个整体进行管理的开源软件，也有将其写成k8s的情况。

KVM （➡4-3）

Kernel-based Virtual Machine的缩写，集成在Linux中，用于虚拟化。

客户机OS （➡4-6）

在虚拟化的环境中使用的操作系统。

可用区 （➡2-10）

将服务器、网络设备及包含电源设备在内的物理设备作为不同的组件，设置在多个区域的架构。

控制器 （➡1-11）

云服务中将大量虚拟服务器的管理和用户认证统一进行管理的服务器。

冷备份 （➡8-2）

一种准备生产系统和备份系统以提升系统可靠性的方法。热备份可以立即切换使用，但是冷备份的备份系统不能立即使用，因为启动需要花费时间。

逻辑架构图 （➡8-7）

一种表示系统架构的图表，注重各个系统的连接和信息流。

裸金属 （➡8-6）

云服务提供商所提供的，将用户内部部署的系统迁移到云服务环境的物理服务器。

Machine Learning（机器学习） （➡3-13）

计算机反复对样本数据进行解析，并将整理数据的规则和判断标准积累在数据库中，同时基于积累的数据库对需要处理的数据进行处理。

NAS （➡1-9）

Network Attached Storage的缩写，可以连接局域网的存储设备，在网络中多个服务器之间共享数据。

内部部署 （➡1-3）

在公司自己的建筑物内设置公司所有的IT设备和其他IT资产，并对这些设备进行运用和维护。这是大多数传统信息系统的运用和维护形态。

暖备份 （➡8-3）

一种准备生产系统和备份系统提升系统可靠性的方法。暖备份只运行备份系统中服务器的最低限度的功能，当生产系统发生故障时，可切换使用。

O ~ U

OpenStack （➡4-17）

云服务的基础开源软件，面向IaaS的基础软件。

OSS （➡2-12）

Open Source Software的缩写，以前将Linux作为典型的OSS示例进行说明，OSS是以促进软件开发的发展和共享成果为目的，使用公开的源代码可以再次使用和再次发布的软件的总称。

PaaS （➡2-5）

Platform as a Service的缩写，和IaaS一样，是由云服务提供商提供的中间件和应用软件的开发环境。

区域 （➡2-10）

物理设置IT设备的位置，在日本一般指东日本、西日本和东日本中的东京等区域。

日本版FedRAMP （➡2-1）

基于政府机密信息和其他重要信息的管理指南，美国制订了被称为FedRAMP（Federal Risk and Authorization Management Program）的政府的云服务采购标准。日本政府将美国的动向作为参考，推进了日本版的FedRAMP的探讨。

热备份 （➡8-2）

一种准备生产系统和备用系统以提升系统可靠性的方法。备用系统与生产系统一样运行处于待机状态，一旦生产系统发生故障，备用系统可以立即进行处理。

容器 （➡2-2）

在虚拟化中实现轻量化的基础技术。

SaaS （➡2-5）

Software as a Service的缩写，为用户提供应用软件和该功能的服务，可以对应用软件进行设置和变更。

SAN （➡1-9）

Storage Area Network的缩写，多个服务器共享一个SAN磁盘。

SDN （➡4-12）

Software-Defined Networking的缩写，通过软件的方式

实现网络虚拟化。

SLA （➡2-11）
Service Level Agreement的缩写，在日本包含作为约定服务等级的合同的狭义含义和表示系统地展示服务等级的行动的广义含义。

Society 5.0 （➡2-1）
将虚拟空间与现实生活高度融合的系统，为了设法解决经济发展和社会平衡的问题，人们提出了将通过人工智能和物联网技术将第四期的信息社会发展为第五期的未来社会的想法。

数据中心 （➡4-1）
可以设置和运行大量服务器和网络设备的设备及建筑物的总称。

私有云 （➡1-5）
自己公司导入云服务，或者在数据中心构建自己公司使用的云服务的方法。

宿主机OS （➡4-5）
一种虚拟化技术，虚拟服务器访问物理服务器时需要经由主机OS，因此容易降低速度，但是发生故障时却比虚拟监视器更加容易切换。宿主机OS用于传统的关键任务中。

V ~ Z

VDI （➡3-8）
Virtual Desktop Infrastructure的缩写，也称为虚拟台式计算机。在服务器中生成虚拟的客户端，由于每个用户可以调用自己的虚拟机进行使用，因此也容易从移动终端进行连接。

VLAN （➡4-11）
Virtual LAN的缩写，与物理连接不同，是一种创建虚拟局域网的技术。

VMWare （➡4-3）
美国的开发和销售虚拟化软件的大型软件企业。

VPC （➡3-14）
Virtual Private Cloud的缩写，在公有云上实现私有云的服务。

VPN （➡5-2）
Virtual Private Network的缩写，使用云服务时最流行的网络连接方式。VPN是在互联网上虚拟创建的专用网络，可在数据发送端的用户和接收端的云服务提供商之间创建虚拟隧道，进行安全通信。

微服务 （➡2-2）
一种创建很多个小服务，并将它们整合成大的服务进行提供的思维模式。

网络负载均衡器 （➡5-4）
通过多台服务器分散负载，以提高系统的处理性能和效率的服务器和网络设备。网络负载均衡器在需要接收大量访问和通信的系统中必不可少。

物理架构图 （➡8-7）
一种表示系统架构的图表，显示物理的IT设备和设备的配置状态。

XaaS （➡2-4）
Everything as a Service的缩写，通过互联网提供任意的ICT资源。

虚拟服务器 （➡1-7）
在一台服务器中集成多台虚拟或逻辑的服务器功能。

信息与通信白皮书 （➡3-3）
日本总务省每年发表的ICT服务的使用动向和关联数据相关的综合性资料。

云服务 （➡1-1）
云计算服务的简称，通过互联网使用信息系统、服务器和网络等IT资产的形态。

云服务集成商 （➡3-9）
熟悉云服务提供商的服务和云服务相关的技术，在导入云服务时可以提供专业服务的企业和人才。

云原生 （➡2-2）
以使用云服务为前提，在云服务环境中设计和开发的系统或应用程序。

有针对性的攻击 （➡6-3）
带有恶意的第三方将特定的组织和个人作为目标，以获取保密信息和造成商业上的损害为目的的攻击。

Zabbix （➡5-7）
一种在数据中心的运行监控中使用的开源解决方案。

资产管理服务器 （➡3-7）
管理计算机名、用户ID、IP地址、MAC地址、安装的软件和版本信息的服务器。

自动故障转移 （➡8-2）
自动重新启动并切换成备份系统的功能。

资格认证 （➡3-10）
具有特定的设备和软件产品或云服务相关的专业知识或拥有资格证书的工程师。

主机托管 （➡1-4）
数据中心提供的一种服务形态，服务器等IT设备由用户所有，该系统的运行监控等也由用户负责。

主机租用 （➡1-4）
数据中心提供的一种服务形态，服务器等IT设备由提供商所有，系统的运行监控也由提供商负责。

灾难恢复 （➡8-4）
即使发生地震和海啸等重大灾难，系统也可以迅速恢复，或者采取措施预防灾难可能造成的损害。

后 记

　　本书将云服务的原理作为主题进行了详细的讲解。

　　相信通过对本书的阅读，读者已经理解了云服务对于现在和未来的信息通信技术而言是不可或缺的基础系统。可以毫不夸张地说，理解了云服务就相当于理解了IT。

　　虽然本书中总结了与云服务原理相关的基础知识和要点，但是在实际使用各家云服务提供商提供的服务，或者导入私有云系统时，仍应参考相关的专业书籍和网站。

　　此外，除了云服务之外，对于还希望掌握信息系统和IT整体的基础知识的读者，建议阅读《完全图解服务器工作原理》一书。这本书与本书采用了相同的形式，并且为同一作者所著，因此阅读起来应该会更加容易理解。

　　最后，笔者在编写本书时得到了筱田雅敏先生、吉田正敏先生、早川英治先生、田原干雄先生，以及许多参与云服务业务的朋友们的大力支持。此外，从本书的企划到出版发行，离不开编辑部工作人员的鼎力支持。在此，我想向他们表示衷心的感谢。

　　如果本书能够成为大家在使用云服务时的一本指南，为大家的工作能尽绵薄之力，那将是笔者莫大的荣幸。

西村泰洋